全彩版

和秋叶一起学

秒懂 Excel

秋叶 陈文登 ◎ 编著

人民邮电出版社
北京

图书在版编目（CIP）数据

和秋叶一起学：秒懂Excel：全彩版 / 秋叶，陈文
登编著. -- 北京：人民邮电出版社，2021.10
ISBN 978-7-115-57214-1

Ⅰ. ①和… Ⅱ. ①秋… ②陈… Ⅲ. ①表处理软件
Ⅳ. ①TP391.13

中国版本图书馆CIP数据核字(2021)第172269号

内 容 提 要

如何成长为 Excel 高手，快速解决职场中常见的数据处理与分析难题，就是本书所要讲述的内容。本书收录了 70 余个实用的 Excel 使用技巧，涵盖了从数据录入、数据整理、统计分析到图表呈现等内容，可以帮助读者结合实际应用，高效使用软件，快速解决工作中遇到的问题。书中的每个技巧都配有清晰的使用场景说明、详细的图文操作说明以及配套练习文件与动画演示，以方便读者快速理解并掌握所学的知识。

本书充分考虑初学者的接受能力，语言通俗易懂，内容从易到难，能让初学者轻松理解各个知识点，快速掌握职场必备技能。职场新人系统地阅读本书，可以节约大量在网上搜索答案的时间，提高工作效率。

◆ 编　著　秋　叶　陈文登
　　责任编辑　马雪伶
　　责任印制　王　郁　彭志环

◆ 人民邮电出版社出版发行　北京市丰台区成寿寺路 11 号
　　邮编　100164　电子邮件　315@ptpress.com.cn
　　网址　https://www.ptpress.com.cn
　　北京瑞禾彩色印刷有限公司印刷

◆ 开本：880×1230　1/32
　　印张：5.875　　　　　　　2021 年 10 月第 1 版
　　字数：162 千字　　　　　2025 年 3 月北京第 30 次印刷

定价：49.90 元

读者服务热线：(010)81055410　印装质量热线：(010)81055316
反盗版热线：(010)81055315

目 录
CONTENTS

▶▶ 绪论

▶▶ 第 1 章　Excel 软件基础

1.1　多表格操作必会技巧 / 004

01　大表格浏览，怎么提高效率？ / 004

02　工作表太多，切换太麻烦，有快捷方式吗？ / 007

03　工作表太多，如何批量隐藏或显示？ / 011

1.2　图片、形状轻松排版 / 013

01　表格里插入图片，有什么高效的操作技巧？ / 013

02　筛选时图片总"乱跑"，怎么办？ / 017

▶▶ 第 2 章　快速录入数据

2.1　序号录入 / 020

01　输入序号总是要不停地敲键盘，怎么做更快？ / 020

02　如何为合并单元格快速填充序号？ / 022

03　在新增行、删除行时，如何保持序号不变？ / 024

2.2　快速输入技巧 / 026

01　如何制作下拉列表，提高录入效率？ / 026

02　可以自动更新的二级下拉列表，怎么做？ / 028

03 如何把数据批量填充到不同的单元格中？ / 032

▶▶ **第 3 章　表格排版技巧**

3.1　行列排版美化 / 038

01 调整行高和列宽时一个个拖曳太麻烦，怎么办？ / 038

02 想要把横排的数据变成竖排的，怎么做？ / 039

03 插入行、列有哪些快捷方法？ / 040

04 如何批量删除多行？ / 042

3.2　单元格美化 / 045

01 在表格中输入"001"时，为什么结果只显示"1"？ / 045

02 多个相同内容的单元格，怎样合并成一个？ / 046

03 单元格左上角的绿色小三角，怎么快速去掉？ / 047

04 如何把超过 5 位的数字显示为多少"万"？ / 050

05 数字显示为"123E+16"时如何恢复正常显示？ / 051

▶▶ **第 4 章　表格打印技巧**

4.1　打印页面设置 / 054

01 打印时总是分页，如何让表格正好占满一页纸？ / 054

02 打印出来的表格不在纸张的中心位置，怎么办？ / 055

4.2　页眉页脚设置 / 057

01 想在每页加上公司名称，如何设置表格页眉？ / 057

02 打印时每页表格要添加页码，怎么做？ / 059

03 工资条打印出来只有第 1 页有标题，怎么办？ / 062

▶▶ 第 5 章　排序与筛选

5.1　排序 / 065

01　表格数据的顺序不对，如何进行排序？ / 065

02　数据分成了不同的小组，如何按小组排序？ / 066

03　抽奖时人名顺序需要打乱，如何随机排序？ / 069

04　排序时 1 号后面不是 2 号，而是变成了 10 号，

　　怎么办？ / 070

5.2　筛选 / 072

01　筛选数据时需要满足多个条件，如何筛选？ / 072

02　表格中有重复数据，如何快速筛选出来？ / 075

▶▶ 第 6 章　数据透视表

6.1　数据透视表基础 / 078

01　怎么用数据透视表统计数据？ / 078

02　要快速统计销售总数，如何用数据透视表实现？ / 080

03　数据透视表的字段面板没有了，如何显示出来？ / 082

04　数据透视表按月汇总数据时提示错误，怎么办？ / 083

6.2　快速统计数据 / 087

01　按照班级、年级统计及格和不及格的人数，

　　怎么做？ / 087

02　按年度、季度、月份进行统计，怎么做？ / 089

6.3　布局排版 / 091

01　数据透视表中相同的单元格，如何批量合并？ / 091

02 数据透视表的统计结果不美观，如何美化？ / 093

03 表格需要拆分成多张工作表，怎么做？ / 096

▶▶ 第 7 章 图表美化

7.1 图表操作基础 / 100

01 如何在 Excel 中插入图表？ / 100

02 表格中新增的数据，如何添加到图表中？ / 102

03 柱形图如何做出占比的效果？ / 103

04 图表中同时使用折线图和柱形图，怎么做？ / 105

7.2 图表编辑 / 108

01 柱形图的数据标签，怎样显示为完成率？ / 108

02 数据标签的位置想要放在柱形外面，怎么做？ / 111

03 坐标轴文字太多，如何调整文字方向？ / 113

04 图表中的坐标轴顺序，为何是反的？ / 115

05 两类数据差异很大，怎么调整图表样式？ / 116

▶▶ 第 8 章 函数公式计算

8.1 统计函数 / 120

01 表格中很多小计行，如何对数据一键求和？ / 120

02 为什么明明有数值，SUM 函数求和结果却是 0？ / 122

03 统计每个部门的奖金，如何用 SUMIF 函数计算？ / 123

04 计算入库超过 90 天的库存总和，怎么写公式？ / 125

05 多个工作表数据汇总求和，怎么做？ / 126

06 要统计不及格的人数，怎么用 COUNTIF 函数实现？ / 128

8.2　逻辑函数 / 129

01　根据成绩自动标注"及格"或"不及格"，怎么用 IF 函数
实现？　/ 130

02　完成率超过 100% 且排名前 10 名就奖励，怎么用公式
表示？　/ 131

8.3　文本函数 / 133

01　单元格中包含数字和文本，如何提取数字内容？　/ 134

02　括号中的内容，如何用 MID 和 FIND 函数提取出来？　/ 136

03　有了身份证号码，如何提取生日、计算年龄？　/ 139

▶▶ 第 9 章　日期时间计算

9.1　日期格式转换 / 145

01　把"2019.05.06"改成"2019/5/6"格式，怎么做？　/ 145

02　把"2019/5/6"变成"2019.05.06"格式，怎么做？　/ 146

03　输入日期"1.10"，结果自动变成"1.1"，怎么办？　/ 148

9.2　日期时间计算 / 149

01　有了入职日期，怎么用公式计算工龄？　/ 149

02　有了上下班时间，如何计算出勤的时长？　/ 151

03　要将日期和时间合并成一列，怎么写公式？　/ 152

▶▶ 第 10 章　数据的查询与核对

10.1　数据核对技巧 / 156

01　找出两列数据的差异，怎么做更高效？　/ 156

02 找出两个表格数据的差异，怎么做更高效？ / 157

10.2 数据核对公式 / 159

01 如何使用 VLOOKUP 函数查询数据？ / 160

02 名单中缺失的人名，如何快速找出来？ / 162

03 两个数据顺序不一样的表格，如何快速核对？ / 163

04 VLOOKUP 函数查找失败的常见原因有哪些？ / 165

▶▶ 第 11 章　条件格式自动标记

11.1 条件格式基础 / 169

01 什么是条件格式，如何使用？ / 169

02 把前 10 项的数据标记出来，怎么做？ / 172

03 数字阅读不直观，如何变成数据条的样式？ / 174

11.2 数据自动标记 / 175

01 把大于 0 的单元格自动标记出来，怎么做？ / 175

02 把小于今天日期的单元格标记出来，怎么做？ / 177

03 设置符合条件的整行都标记颜色，怎么实现？ / 178

和秋叶一起学 秒懂 Excel

▶▶ 绪 论 ◀◀

　　这是一本适合"碎片化"阅读的职场技能图书。

　　市面上大多数的职场类书籍，内容偏学术化，不太适合职场新人"碎片化"阅读。对于急需提高职场技能的职场新人而言，并没有很多的"整块"时间去阅读、思考、记笔记，更需要的是可以随用随翻、快速查阅的"字典型"技能类书籍。

　　为了满足职场新人的办公需求，我们编写了本书，对职场人关心的痛点问题一一解答。希望能让读者无须投入过多的时间去思考、理解，翻开书就可以快速查阅，及时解决工作中遇到的问题，真正做到"秒懂"。

　　本书具有"开本小、内容新、效果好"的特点，介绍职场新人需要掌握的"刚需"内容。本书在提供解决方案的同时还做到了全面体现软件的主要功能和技巧，让读者看完一节就有一节内容的收获。

　　因此，本书在撰写时遵循以下两个原则。

　　（1）内容实用。为了保证内容的实用性，书中所列的技巧大都来源于真实的需求场景，汇集了职场新人最为关心的问题。同时，为了让本书更实用，我们还查阅了抖音、快手上的各种热点技巧，并尽量收录。

　　（2）查阅方便。为了方便读者查阅，我们将收录的技巧分类整理，并以一条条知识点的形式体现在目录中，读者在看到标题的一瞬间就知道对应的知识点可以解决什么问题。

　　我们希望本书能够满足读者的"碎片化"阅读需求，能够帮助读者及时解决工作中遇到的问题。

　　做一套图书就是打磨一套好的产品。希望秋叶系列图书能得到读者发自内心的喜爱及口碑推荐。

　　我们将精益求精，与读者一起进步。

　　最后，我们还为读者准备了一份惊喜！

　　用微信扫描下方二维码，关注公众号并回复"秒懂 Excel"，可以免费领取我们为本书读者量身定制的超值大礼包，包含：

78 个配套操作视频

27 套实战练习案例文件

150 多套各行业表格模板

60 多套精美可视化图表模板

100 套人力资源管理表格模板

和秋叶一起学

秒懂 Excel

▶ **第 1 章** ◀
Excel 软件基础

Excel 是一款既简单又复杂的软件。

"简单"是因为我们每天都在用 Excel，从简单的填写登记表、考勤表到分析业务数据，对 Excel 的功能已经很熟悉了，所以感觉很简单。

"复杂"是因为 Excel 的功能太多了，我们常用的功能只是 Excel 的"冰山一角"，有时一个陌生的小问题，都可能困扰我们很长时间。

本章会带你重新认识 Excel，看看 Excel 的哪些功能或用法是你所不知道的。

扫码回复关键词"秒懂 Excel"，下载配套操作视频。

1.1　多表格操作必会技巧

表格里本来很简单的操作，可能因为数量多而变得非常复杂。本节主要讲解在数据多、工作表多的情况下，提高工作效率的方法。

01　大表格浏览，怎么提高效率？

表格中的数据很多的时候，查看起来会非常不方便。比如下面的表格中，数据行特别多，向下浏览表格后，表头就看不见了。

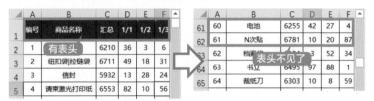

这里介绍几个表格浏览的小技巧，掌握了之后，可以轻松地浏览"大表格"！

1. 冻结窗格

冻结窗格功能可以将表格中的指定数据行、列的位置固定，解决表格浏览时看不到表头的问题。

	A	B	C	D	E	F	G	H	I
1	编号	商品名称	汇总	1/1	1/2	1/3	1/4	1/5	1/6
152	151	橡皮	6201	4	13	59	63	60	36
153	152	荧光笔	6155	97	3	71	36	84	26
154	153	卷笔刀	5992	52	16	90	45	24	51
155	154	打印纸	6598	18	94	29	53	50	83
156	155	大班椅	5732	48	5	15	64	51	8
157	156	双面胶	6309	78	45	73	11	33	90
158	157	抽杆夹	6472	42	27	30	7	55	57
159	158	皮面本	6749	0	22	48	97	44	65

以上面的表格为例，具体操作如下。

1 单击左边的行号"2"，选择标题下的第 2 行整行的数据。

2 在【视图】选项卡的功能区中单击【冻结窗格】图标，在弹出的菜单中选择【冻结窗格】命令，把第 2 行以上的数据固定住。

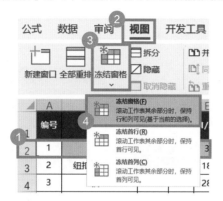

这时尝试着向下浏览表格，可以看到标题行被固定住，不会随表格滚动了。

冻结数据列也是相同的操作。

1 单击列号 "D"，选择 D 列整列的数据。

2 在【视图】选项卡的功能区中单击【冻结窗格】图标，在弹出的菜单中选择【冻结窗格】命令，把 D 列左边的数据固定住。

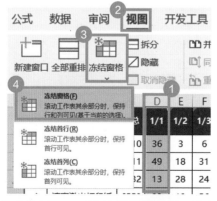

这样向右浏览表格时，D 列左边的数据就被固定住了。

如果想要同时锁定行和列，则选择行和列交叉位置的单元格，然后再使用冻结窗格功能，具体操作如下。

■ 选择 D2 单元格，在【视图】选项卡的功能区中单击【冻结窗格】图标，在弹出的菜单中选择【冻结窗格】命令。

　　这样向右或向下浏览表格时，第 2 行以上，以及 D 列左边的数据会被固定住，不随表格移动。

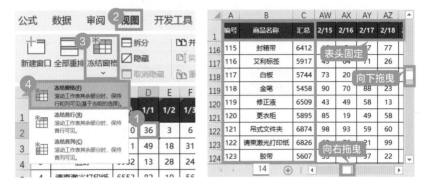

2. 拆分表格

　　冻结窗格功能用来冻结表头是非常实用的，但是如果要冻结的数据在最后一行或者最后一列，该如何冻结？

　　比如下面的数据中，最后一行是汇总行，如何固定最后一行，滚动表格查看上面的数据？

▲	A	B	C	D	E	F	G
289	288	传真纸	6294	24	49	64	61
290	289	光盘	6623	86	14	73	92
291	290	装订机	6164	固定汇总行	78	20	58
292		汇总行	1822064	14431	14164	14309	14564
293							
294							

　　这个时候可以通过拆分表格功能来实现，具体操作如下。

1️⃣ 单击左边的行号"292"，选择"汇总行"数据行。

2️⃣ 在【视图】选项卡的功能区中单击【拆分】图标，此时表格会在"汇总行"的位置被拆分成两个区域，向下拖动中间的分隔线可以调整区域大小。

	A	B	C	D	E	F	G
289	288	传真纸	6294	24	49	64	61
290	289	光盘	6623	86	14	73	92
291	290	装订机	6104	40	78	20	58
292		汇总行	1822064	14431	14164	14309	14564
293		③ 拖动调整大小					
294							

两个区域其实是同一个表格，数据的更新都是同步的，这样在浏览"大表格"时，就可以固定住最后的"汇总行"了。

用相同的方法，选中整列后单击【拆分】图标，可以把表格拆分成左右两个区域，固定"汇总列"。

02 工作表太多，切换太麻烦，有快捷方式吗？

表格中的工作表非常多的时候，查看不同工作表要一个一个单击，效率非常低。

比如下面的表格中，有不同日期的工作表，要浏览这些工作表，有没有快速切换的方法？

		各城市销售达成率			
			统计日期		2017/9/
城市	tem	商品1	商品2	商品3	Total
北京	销售目标	2553	2282	2901	7736
	销售实际	2374	1209	1566	5149
	达成率	93%	53%	54%	67%
上海	销售目标	1023	1591	496	3110
	销售实际	1023	540	416	1979
	达成率	100%	34%	84%	64%
深圳	销售目标	859	1443	1897	4199
	销售实际	601	1269	1631	3501
	达成率	70%	88%	86%	83%
长沙	销售目标	1 工作表非常多 2		383	3731
	销售实际	741	98	383	2105

汇总 09-02 09-03 09-04 09-05 09-06

快速浏览工作表的常用方法有如下两种。

1. 状态栏切换

在 Excel 的状态栏中有工作表切换按钮，结合快捷键使用，可以快速切换工作表，具体操作如下。

1 在状态栏左侧单击工作表切换按钮◀或▶，可以滚动工作表名称标签。

10	深圳	销售目标	473	2431	2301	5205
11		销售实际	354	972	1449	2775
12		达成率	75%	40%	63%	53%
13		销售目标	450	789	393	1632
14			256	749	188	1193

单击滚动工作表标签

◀ ▶ ... 09-03 09-04 09-05 09-06 ... ⊕ ⋮ ◀

2 按住 Ctrl 键不放，单击 ▶ 按钮，可以滚动到最后一个工作表；同理，按住 Ctrl 键不放，单击 ◀ 按钮，可以滚动到第一个工作表。

10	深圳	销售目标	859	1443	1897	4199
11		销售实际	601	1269	1631	3501
12		达成率	70%	88%	86%	83%
			1257	1722	752	3731
			741	981	383	2105

按住 Ctrl 键并单击

▶ 汇总 09-02 09-0 09-04 09 ... ⊕ ⋮ ◀

14	长沙	销售实际	741	981	383	2105

◀ ▶ ... 09-30 10-01 10-02 10-03 ⊕ ⋮ ◀

最后一个工作表

❸ 如果想要快速浏览中间的工作表，可以在工作表切换按钮上单击鼠标右键，打开【激活】对话框，选择工作表后单击【确定】按钮就可以快速切换到对应的工作表。

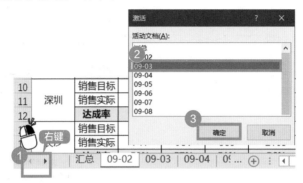

2. 并排查看

工作表快速切换的问题解决了，可能还会遇到这样的问题：经常需要把数据填写到第一个工作表（"汇总"表）中，往往要频繁地在第一个和最后一个工作表之间切换。如何能把"汇总"表固定，方便切换？

使用 Excel 的新建窗口功能和全部重排功能，可以巧妙地实现这种需求。具体操作如下。

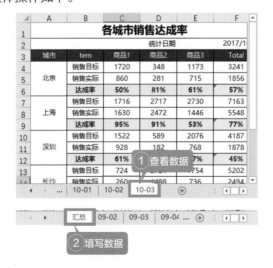

我们可以通过新建窗口功能新建一个相同的工作簿，进行相同工作簿不同工作表的并排对比。

1 在【视图】选项卡的功能区中单击【新建窗口】图标，把当前 Excel 的窗口"复制"一份，两个窗口其实是一个表格，数据是同步更新的。

2 在【视图】选项卡的功能区中单击【全部重排】图标。

3 弹出【重排窗口】对话框，选择【垂直并排】选项，单击【确定】按钮。

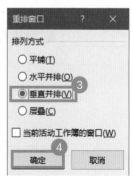

这时同一个工作表就会分成两个窗口，并排在屏幕上显示了。

在左边的窗口中切换到第一个工作表（"汇总"表），在右边的窗口中切换到最后一个工作表，数据填写起来就高效多了！

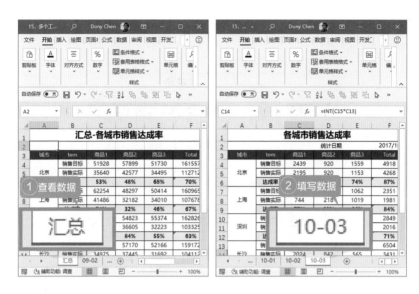

03 工作表太多，如何批量隐藏或显示？

表格中暂时不需要的或者需要保密的工作表，可以在工作表上单击右键，在弹出的菜单中选择【隐藏】命令将其隐藏起来。

如果想要批量隐藏多个工作表，可以这样操作。

1 选择第一个工作表"09-02"，按住 Shift 键的同时单击工作表"09-06"，可以选择多个连续的工作表。

2 单击鼠标右键，在弹出的菜单中选择【隐藏】命令，这些工作表就被快速隐藏了。

显示工作表也很简单，在工作表名称上单击鼠标右键，在弹出的菜单中选择【取消隐藏】命令，然后在【取消隐藏】对话框中选择工作表，单击【确定】按钮就可以了。

如果要批量取消隐藏多个工作表，可以这样操作。

在【取消隐藏】对话框中选择第一个工作表，按住 Shift 键不放，单击最后一个工作表，单击【确定】按钮。

需要注意的是，批量取消隐藏工作表的功能只有 Office 365 才支持。

1.2 图片、形状轻松排版

使用 Excel 制作文档时，有时需要在表格中插入图片、形状等。本节主要介绍图片、形状的快速选择、对齐等处理技巧。

01 表格里插入图片，有什么高效的操作技巧？

在表格中使用图片、形状时，常常让人头疼的就是调整图片的大小和形状，有时为了将图片对齐可能要花费十几分钟。

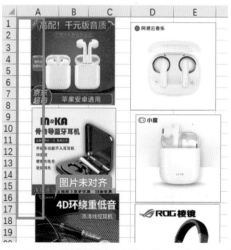

掌握下面这 3 个图片、形状的排版技巧，可以提高表格排版效率。

技巧1：自动对齐到单元格

单元格边框是一个天然的对齐辅助线，以单元格边框为基准可以快速排版，具体操作如下。

1 选择任意一个图片。

2 按住 Alt 键不放拖曳图片，图片会自动对齐到单元格边框。

重复这个操作，可以快速把多个图片对齐到边框。

同样，在拖曳图表、形状时，按住 Alt 键，也可以使其自动吸附到单元格边框，从而可以将它们调整成统一的大小。

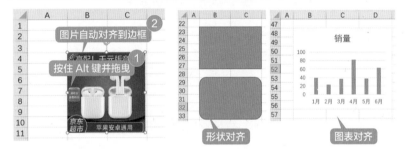

技巧2：批量对齐

使用 Excel 的对齐功能，可以批量对齐图片、形状。

1 按住 Ctrl 键不放，单击需要对齐的图片。在【图片格式】选项卡的功能区中单击【对齐】图标，在弹出的菜单中选择【左对齐】命令，可以将选择的图片设置靠左对齐。

2 再次单击【对齐】图标，在弹出的菜单中选择【纵向分布】命令，可以让图片在纵向均匀分布。

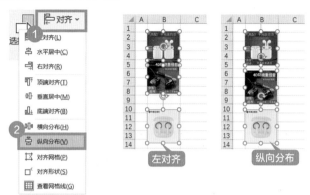

根据实际需求，还可以在【对齐】菜单中选择【水平居中】【右对齐】【顶端对齐】等对齐方式。

单击【对齐网格】命令，可以在移动或调整图片时，实时地对齐到单元格边框，不需要按住 Alt 键。

在开启了【对齐网格】的状态下插入形状，从插入图片到调整大小的过程中，图片也都是自动对齐到网格的。

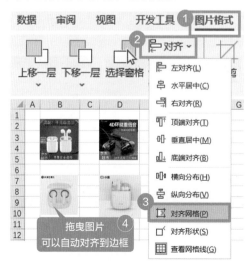

技巧 3：批量选择图片或形状

在对多个图片、形状同时进行样式设置或移动等操作时，按下面的方法批量选择图片或形状，可以有效提高效率。

1 在【开始】选项卡的功能区中单击【查找和选择】图标，在弹出的菜单中选择【选择对象】命令，这时鼠标指针会变成箭头的形状。

2 拖曳鼠标指针，框选需要选择的图片或形状。

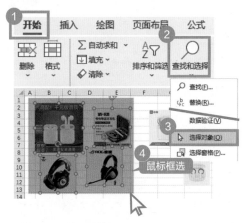

如果想要批量选择所有的图片、形状，可以这样操作。

1 按快捷键 Ctrl+G，打开【定位】对话框，单击【定位条件】按钮。

2 弹出【定位条件】对话框，选择【对象】选项，单击【确定】按钮。

3 这时所有的图片、形状就被批量选中了，然后就可以进行移动、复制或删除等操作。

02 筛选时图片总"乱跑",怎么办?

图片插入表格之后,在筛选数据的时候,图片经常会错乱,不随着单元格变化而变化。

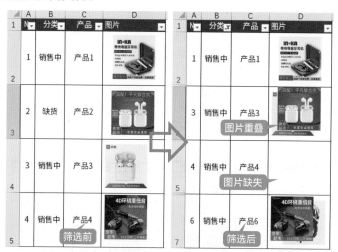

通过设置图片的属性,可以解决这个问题,具体操作如下。

1 选择任意一张图片,按快捷键 Ctrl+A 全选所有图片。

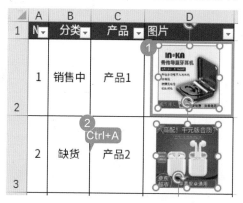

2 按快捷键 Ctrl+1,打开【设置图片格式】面板。单击【大小与属性】图标,在【属性】选项组中选择【随单元格改变位置和大小】选项即可。

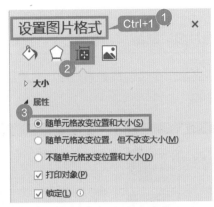

设置之后，再筛选数据，图片就可以正常地随着单元格隐藏或显示了。

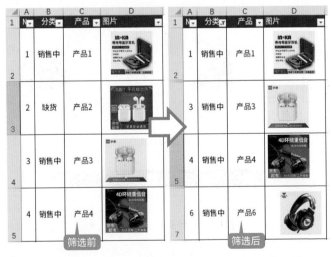

同时，在调整单元格的行高时，图片的大小也会随着发生变化。如果不希望图片的大小发生变化，则选择【随单元格改变位置，但不改变大小】选项。

和秋叶一起学

秒懂 Excel

▶ 第 2 章 ◀
快速录入数据

用 Excel 处理数据之前，首先要把数据录入 Excel 表格中。录入数据是一个非常烦琐的"体力活"，对于那些有规律的、重复的数据，可以通过 Excel 中的一些功能，快速地完成录入，提高工作效率。

本章我们将学习不同规律的序号录入，以及一些重复数据的批量录入技巧。

扫码回复关键词"秒懂 Excel"，下载配套操作视频。

2.1 序号录入

本节主要讲解表格中不同序号的录入方法，根据序号的规律，快速、批量录入序号。

01 输入序号总是要不停地敲键盘，怎么做更快？

在做表的时候，经常需要输入一列连续的序号作为标识。如何快速输入连续的序号呢？有 3 种常用的方法。

方法 1：拖曳填充

通过预先填写序号，然后拖动序号自动填充序号列。

以纵向填充序号 1、2、3……为例，具体操作如下。

1 在 A2、A3 单元格中分别输入数字"1"和"2"。

2 选择 A2:A3 单元格区域，将鼠标指针放在单元格右下角，指针变成黑色加号形状时拖曳鼠标向下填充即可。

Excel 会自动识别填充的规律，如果预先填写的数字是 2 和 4，那么填充后的序号就是 2、4、6、8、10……

方法 2：Ctrl 键填充

1 在 A2 单元格输入数字"1"。

2 选择 A2 单元格，按住 Ctrl 键不放，拖曳单元格右下角的填充柄向下填充编号，松开鼠标即完成填充。

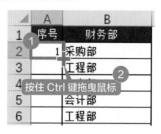

方法 3：序列填充

如果需要填充大量的序号，比如要填充序号 1 ~ 100，使用前面两种方法效率都不高。

使用填充功能，可以一键批量生成大量序号，具体操作如下。

1 在 A2 单元格输入数字"1"。选择 A2 单元格，在【开始】选项卡的功能区中单击【填充】图标，在弹出的菜单中选择【序列】命令。

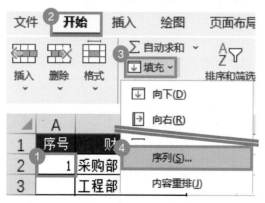

2 弹出【序列】对话框，在【序列产生在】组中选择【列】选项，【步长值】框中输入"1"，【终止值】框中输入"100"，单击【确定】按钮，就可以填充序号 1 ~ 100。

整个过程 Excel 自动完成，比手动拖曳填充高效很多。

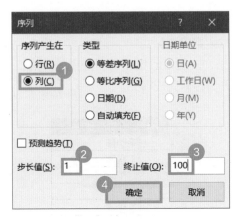

填充序号的 3 种方法：

● 先填写序号，然后拖曳填充；

● 按住 Ctrl 键拖曳填充；

● 借助序列功能批量填充序号。

02 如何为合并单元格快速填充序号？

如果合并单元格的大小都相同，在填充序号时和普通单元格没有太大区别，可以参考上面的内容，先预填写两个序号，然后拖曳鼠标填充。

比较麻烦的是大小不一的合并单元格，在拖曳填充序号的时候会提示"若要执行此操作，所有合并单元格需大小相同。"，无法填充序号。

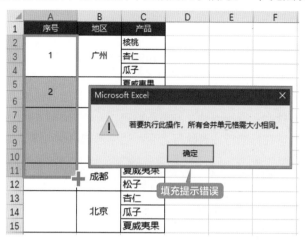

　　针对这种大小不一的合并单元格，只能借助函数公式来实现序号的批量填充了，具体操作如下。

1 选择 A2 单元格，在编辑栏中输入下图所示的公式。

2 选择所有要填充序号的单元格区域 A2:A15，将光标置于编辑栏中，按快捷键 Ctrl+Enter 批量填充公式到选定区域，就可以填充连续的序号了。

本例中用到的公式如下。

```
=COUNTA($A$1:A1)
```

　　公式的原理是，统计当前单元格上方非空单元格的数量。

随着公式向下填充，上方非空单元格的数量会逐渐递增，最后实现了序号填充的效果。

03 在新增行、删除行时，如何保持序号不变？

新增行、删除行是编辑表格时常用的操作，但是这样操作之后，表格的序号就会变得不连续，要重新填充。

如何能够在新增行或删除行之后，让序号依然保持连续呢？

	A	B		A	B		A	B
1	序号	财务部	1	序号	财务部	1	序号	财务部
2	1	采购部	2	1	工程部	2	1	采购部
3	2	工程部	3	2	销售部	3	2	工程部
4	3	广告部	4	3	总经理室	4	3	广告部
5	4	会计部	5	4	秘书室	5	4	会计部
6	5	工程部	6	5	广告部	6	5	工程部
7	6	销售部	7	6	人力资源部	7	6	新增行
8	7	总经理室	8	7	工程部	8	7	
9	8	技术部	9			9	8	销售部
10	9	销售部	10	删除行		10	9	总经理室
11	10	秘书室	11			11	10	技术部
12			12			12	11	销售部
13			13			13	12	秘书室
14			14			14	13	广告部

这需要结合 ROW 函数和智能表格功能来实现，具体的操作步骤如下。

1 选择 A2 单元格，在编辑栏中输入下图所示的公式，按 Enter 键。

A2	▼	:	×	✓	fx	=ROW()-1	
	A	B	C	D			
1	序号	财务部					
2		采购部					
3		工程部					
4		广告部					
5		会计部					
6		工程部					
7		销售部					

2 将鼠标指针放在单元格右下角，指针变成黑色加号形状时，双击这个加号即可填充公式。

=ROW()-1

③ 选中单元格区域 A1:B14，按快捷键 Ctrl+T，弹出【创建表】对话框，单击【确定】按钮，将表格转换为智能表格。这样在新增行或删除行时，公式可以自动填充到单元格中。

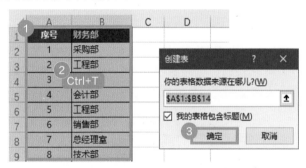

设置完成后再尝试新增行或删除行，序号就可以自动更新了。

序号	财务部		序号	财务部
1	采购部		1	采购部
2	工程部		2	工程部
3	广告部		3	广告部
4	会计部		4	技术部
5	工程部		5	销售部
6	销售部		6	秘书室
7	总经理室		7	广告部
8	技术部		8	人力资源部
9	销售部		9	工程部
10	秘书室			
11	广告部			
12	人力资源部			
13	工程部			

总结一下上面用到的方法。

● ROW 函数用来获取当前单元格所对应的行号，因为案例中的公式是从 A2 开始编写的，公式"=ROW()"返回的是 2，所以改成"=ROW()-1"才能满足从 1 开始的需求。

● 将数据表转换为智能表格的目的，是利用智能表格可以自动扩展区域的特性，实现 ROW 函数的自动填充，保持序号的连续。

2.2 快速输入技巧

本节主要讲解如何快速录入数据，不用费时费力地复制粘贴，同时数据录入更加准确。

01 如何制作下拉列表，提高录入效率？

在制作公司花名册、统计表等报表的时候，经常会需要输入一些重复的内容。这时使用下拉列表直接选择，可以简化重复输入操作。

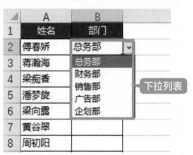

下拉列表的制作并不复杂，按照下面的操作即可实现。

1 选择要添加下拉列表的 B2:B10 单元格区域，在【数据】选项卡的功能区中单击【数据验证】图标。

2 弹出【数据验证】对话框，单击【允许】右侧的下拉按钮，在菜单中选择【序列】命令；单击【来源】右侧的选择区域按钮 ，选择部门信息所在的单元格 $D$2:$D$6，单击【确定】按钮即可。

这时，选择部门列中的任意一个单元格，就可以使用下拉列表来选择数据了。

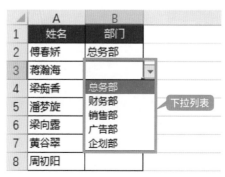

02 可以自动更新的二级下拉列表，怎么做？

填写地址信息时，使用下拉列表可以提高输入效率。但是如果城市名称非常多，在下拉列表中选择时就比较麻烦。

如何能够根据 A 列的省份，让 B 列的下拉列表显示对应的城市，制作一个二级下拉列表呢？

二级下拉列表，本质上就是给下拉列表构建动态的选项区域，需要结合 INDIRECT 函数来实现，具体操作如下。

1. 制作省份下拉列表

首先为"省份"添加一级下拉列表。

1 选择 A2:A10 单元格区域，在【数据】选项卡的功能区中单击【数据验证】图标。

2 弹出【数据验证】对话框，单击【允许】右侧的下拉按钮，在菜单中选择【序列】命令；单击【来源】右侧的选择区域按钮⬆，选择省

份信息所在的单元格 $D$2:$D$5，最后单击【确定】按钮完成设置。

2. 制作城市二级下拉列表

在制作二级下拉列表之前，需要准备好下拉列表内容对应的数据。

数据中的第 1 行是一级下拉列表的内容，下面是每个选项对应的二级列表内容。

准备好数据之后，接下来按照下面的操作，创建二级下拉列表。

1 选择二级下拉列表内容对应的数据 F1:I5，按快捷键 Ctrl+G，打开【定位】对话框，单击【定位条件】按钮。

2 弹出【定位条件】对话框，选择【常量】选项，单击【确定】按钮，即可将所有非空单元格选中。

3 在【公式】选项卡的功能区中单击【根据所选内容创建】图标。

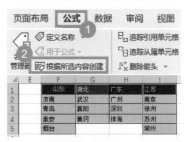

4 弹出【根据所选内容创建名称】对话框，仅选择【首行】选项，单击【确定】按钮。

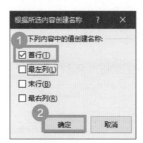

5 设置完自定义名称后，选择 B2:B10 单元格区域，在【数据】选项卡的功能区中单击【数据验证】图标。

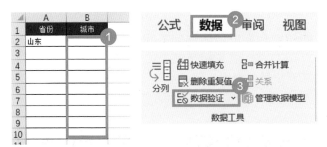

⑥ 弹出【数据验证】对话框，单击【允许】右侧的下拉按钮，在菜单中选择【序列】命令；在【来源】编辑框中输入公式，单击【确定】按钮完成下拉列表设置。

公式如下。

```
=INDIRECT($A2)
```

INDIRECT 函数的作用是根据自定义的名称，引用对应的数据区域。

$A2 单元格的内容是"山东"，这里的"山东"不只是一个文本，在第 4 步中，通过根据所选内容创建功能，把山东对应的城市区域 F2:F5 命名为"山东"。这样就实现了"城市"列表选项可以根据"省份"不同，而动态更新了。

03 如何把数据批量填充到不同的单元格中？

合并单元格虽然好看，但是筛选数据的时候容易出现数据缺失的情况。

这是因为合并单元格中，只有第一个单元格是有数值的，其他单元格都是空白单元格，取消合并之后，可以清楚地看到这一特点。

若要避免数据的缺失，需要把空白单元格全部填充上合并单元格的内容。如何能够实现这个需求呢？

可以使用快捷键 Ctrl+Enter 完成批量填充。

1. 批量填充指定数据

比如现在要给空白单元格批量填充"0"，具体的操作如下。

1 选择 C2:C13 单元格区域，按快捷键 Ctrl+G，打开【定位】对话框，单击【定位条件】按钮。

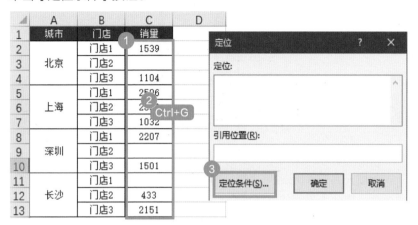

2 弹出【定位条件】对话框，选择【空值】选项，单击【确定】按钮，批量选中所有的空白单元格。

3 输入数字"0"，然后按快捷键 Ctrl+Enter，即可完成空白单元格的批量填充。

▲	A	B	C	D
1	城市	门店	销量	
2		门店1	1539	
3	北京	门店2	0	
4		门店3	1104	
5		门店1		
6	上海	门店2	2506	
7		门店3	1032	
8		门店1	2207	
9	深圳	门店2		
10		门店3	1501	
11		门店1		
12	长沙	门店2	433	
13		门店3	2151	

2. 批量填充公式

在填充合并单元格内容时，每个单元格的内容不一样，所以这时要结合函数公式来完成批量填充，具体操作如下。

1 选择 A2:A13 单元格区域，在【开始】选项卡的功能区中单击【合并后居中】图标，取消合并单元格。

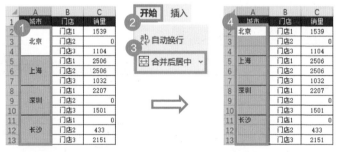

2 按快捷键 Ctrl+G，打开【定位】对话框，单击【定位条件】按钮。

3 弹出【定位条件】对话框，选择【空值】选项，单击【确定】按钮，批量选中所有的空白单元格。

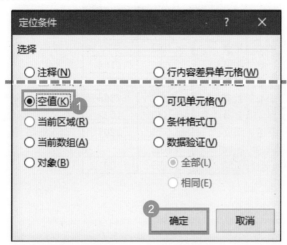

4 在编辑栏中依次按下等于号"="和向上箭头"↑"，引用上一个单元格的内容，然后按快捷键 Ctrl+Enter，就可以为每个单元格填充内容了。

数据填充完成后的效果如下图所示。

	A	B	C	D
1	城市	门店	销量	
2	北京	门店1	1539	
3	北京	门店2	0	
4	北京	门店3	1104	
5	上海	门店1	506	
6	上海	门店2	2506	
7	上海	门店3	1032	
8	深圳	门店1	2207	
9	深圳	门店2	0	
10	深圳	门店3	1501	

批量填充完成

和秋叶一起学

秒懂 Excel

▶▶ 第 3 章 ◀◀
表格排版技巧

在表格排版过程中会有一些重复的操作，比如隔行插入空行，调整单元格的数据格式等。掌握了这些操作技巧，可有效提高工作效率。

本章我们将从表格排版、单元格美化等方面，学会批量操作的高效方法。

扫码回复关键词"秒懂 Excel"，下载配套操作视频。

3.1 行列排版美化

掌握批量调整行高、列宽，插入空行、空列的技巧，可以大幅提升排版效率，本节就带你一起揭晓这些高效排版技巧。

01 调整行高和列宽时一个个拖曳太麻烦，怎么办？

调整行高、列宽很简单，把鼠标指针放在行号或列标之间，单击并拖曳行或列之间的分界线就可以调整。

	A	B	C	
1				
2	申报单位（公章）：秋叶大学南区			
3	序号	项目编码	项目名称	项目内涵
4	1	QY15617	轻松笔记：职场精英都在学的手	本课程涵盖市面记爱上笔记，轻
5	2	QY87075	和秋叶一起学PPT	客户眼里就是能《和秋叶一起P
6	3	QY13806	和秋叶一起学Excel	想减少繁琐操作想高效准确地完想做出美观高大
7	4	QY95	和秋叶一起学 ord	刚毕业想迅速适想增加升职机会版？

行高不一致

当表格中数据非常多的时候，这样一行一行或一列一列调整，特别浪费时间。

这时可以让 Excel 根据单元格内容的多少自动调整行高，具体操作如下。

1 单击表格编辑区域左上角的"倒三角"，选中所有的单元格。

2 将鼠标指针放在两个行号之间，指针变成上下调节箭头形状时双击鼠标，Excel 就会根据内容的多少，自动地调整行高了。

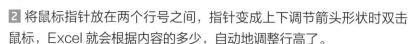

02 想要把横排的数据变成竖排的，怎么做？

下面表格里的数据是横排的，现在需要把这个数据变成竖排排列，应该如何操作？

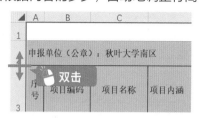

表格横排转竖排，使用表格中的转置功能，可以快速地实现，具体的操作如下。

1 选择横排数据所在的单元格区域 A1:U4，按快捷键 Ctrl+C 复制数据。

2 选择任意一个空白单元格，比如 A6 单元格。单击鼠标右键，在弹出的菜单中选择【粘贴选项】组中的【转置】命令，就可以完成横排到竖排的转换。

03 插入行、列有哪些快捷方法？

插入行、列是 Excel 中非常高频的操作，掌握一些快捷方法，可以有效提高制表的效率。

Excel 中有 3 种快速插入行或列的方法。下面以插入行为例讲解，列的插入方法相同。

1. 鼠标右键插入

选择整行之后，通过右键菜单插入行。

1 选择第 2 ~ 5 行的数据。

2 在选中行号上单击鼠标右键，在弹出的菜单中选择【插入】命令，即可插入 4 个空行。

提示

因为我们选择了 4 行数据，所以插入的也是 4 行。插入的行数和选择的数据行数是一致的。

2. 快捷键插入

相比右键插入行，更快捷的方法是使用快捷键 Ctrl+Shift++。

■ 选择第 2 ~ 5 行的数据，按快捷键 Ctrl+Shift++，可以快速插入 4 个空行。

■ 如果想要批量删除空行，在选中数据行之后，按快捷键 Ctrl+-，可以快速删除当前所选择的行。

3. 鼠标拖曳插入

第 3 种方法是结合鼠标和 Shift 键快速插入空行。

■ 选择第 2 行数据，按住 Shift 键不放，将鼠标指针放在单元格右下角，当指针变成上下箭头形状时，向下拖曳两行，就可以快速插入两个空白行。

插入空列的方法完全相同，只是选择数据时，改成选择数据列就可以了。

04 如何批量删除多行？

表格模板中有很多的"小计"行。现在这些"小计"行都不需要了，如何快速删除这些行？

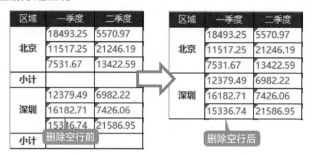

在 Excel 中批量删除多行数据的方法有两种：筛选删除、定位删除。

1. 筛选删除

要删除的数据行都是"小计"行，所以可以使用筛选功能快速找出这些数据行，然后批量删除，具体操作如下。

1 选择标题行中的任意一个单元格，比如 A1 单元格。

2 在【数据】选项卡的功能区中单击【筛选】图标，添加筛选按钮。

3 单击 A1 单元格右侧的筛选按钮 ，在弹出的菜单中仅选择【小计】选项，单击【确定】按钮，把所有的小计行都筛选出来。

4 选择筛选出的小计行，然后单击鼠标右键，在弹出的菜单中选择【删除行】命令，删除小计行。

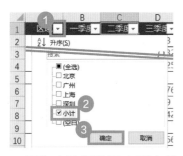 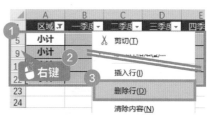

因为小计行除了 A 列之外，都是空白单元格，所以还可以在 B 列中筛选"空白"，找出这些空白行，然后再批量删除，原理都是一样的。

2. 定位删除

批量删除空行的前提，就是先把空行全部选中，这个过程用定位功能也可以实现，具体操作如下。

定位删除主要用于隔行删除多个空白行，如下图所示。

1 选择 B2:B22 单元格区域，按快捷键 Ctrl+G，打开【定位】对话框，单击【定位条件】按钮。

2 弹出【定位条件】对话框，选择【空值】选项，单击【确定】按钮，选中所有的空白单元格。

3 在选中的单元格上单击鼠标右键，在弹出的菜单中选择【删除】命令，弹出【删除】对话框，选择【整行】选项，最后单击【确定】按钮，就可以批量删除空行了。

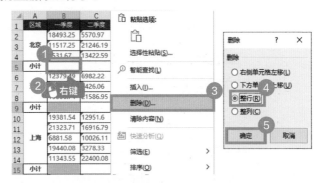

批量删除空行后的效果如下图所示。

区域	一季度	二季度	三季度	四季度
北京	18493.25	5570.97	12891.3	16497.85
	11517.25	21246.19	10833.32	10531.9
	7531.67	13422.59	17097.25	22961.11
深圳	12379.49	6982.22	18958.76	11950.88
	16182.71	7426.06	5562.09	17126.48
	15336.74	21586.95	16796.42	5392.16
上海	19381.54	12951.6	14292.66	4345.61
	21323.71	16916.79	14606.45	3656.57
	6881.58	10026.11	9399.62	10423.93
	19440.08	3278.33	19439.28	19856.68
	11343.55	22400.08	8014.68	4644.81

3.2 单元格美化

和手动调整列宽一样，肯定还有人手动给单元格一个一个地调整格式。本节你会学到单元格的常用美化技巧，告别机械的重复的操作。

01 在表格中输入"001"时，为什么结果只显示"1"？

制表时经常需要输入"001"格式的序号，但是为什么输入"001"并按 Enter 键之后，结果只显示"1"呢？

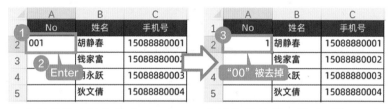

在单元格中输入数字时，Excel 会认为整数前面的"0"是没有意义的，所以会自动去掉这些无意义的"0"。

解决这个问题的关键，就是告诉 Excel 不要把"001"当成一个数字，而是作为文本，把所有的"0"一起保存在单元格中，具体操作如下。

1 选择 A2:A7 单元格区域。

2 在【开始】选项卡的功能区中单击【数字格式】编辑框右侧的下拉按钮，选择【文本】命令。

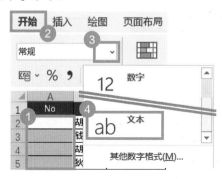

3 设置完成后再次输入"001"，就可以正常地显示编号 001 了。

	A	B	C
1	No	姓名	手机号
2	001	胡静春	15088880001
3	完整显示 001	钱宗富	15088880002
4		胡永跃	15088880003

02 多个相同内容的单元格，怎样合并成一个？

在表格中把相同的数据合并成一个单元格，可以让表格更美观，分类也更清晰。

	A	B	C
1	No	姓名	关系
2	1	秋叶	户主
3	1	阎初阳	妻
4	2	傅诗蕾	户主
5	2	夏如柏 需合并	妻
6	3	冯清润	户主
7	3	苏建同	妻
8	4	唐景行	户主
9	4	曹凌春	妻

但是当有多个单元格要合并的时候，手动一个个合并效率非常低，如何能够批量地合并相同内容的单元格？

如果需要合并的数据，单元格的数量都是一样的，像下面的表格一样，使用格式刷功能，可以轻松地实现，具体操作如下。

No	姓名	关系
1	秋叶	户主
1	阎初阳	妻
2	傅诗蕾	户主
2	夏如柏	夫
3	冯清润	户主
3	苏建同	妻
4	唐景行	户主
4	曹凌春	妻

➡

No	姓名	关系
1	秋叶	户主
	阎初阳	妻
2	傅诗蕾	户主
	夏如柏	夫
3	冯清润	户主
	苏建同	妻
4	唐景行	户主
	曹凌春	妻

1 选择 A2:A3 单元格区域，在【开始】选项卡的功能区中单击【合并后居中】图标，合并这两个单元格。

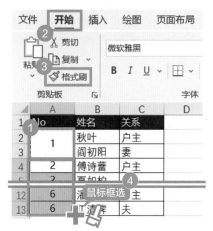

2 选择合并后的 A2 单元格，在【开始】选项卡的功能区中单击【格式刷】图标。这时鼠标指针变成小刷子形状，表示 Excel 已经复制了 A2 单元格的格式，拖曳小刷子向下填充，即可把合并单元格的格式复制给其他单元格，批量完成单元格的合并。

03 单元格左上角的绿色小三角，怎么快速去掉？

包含数字的单元格中，左上角经常会有一个绿色的小三角，一方面看着不是很美观；另一方面，使用 SUM 函数对这样的数字求和时，总是出错：数字都在，但求和结果为 0。

在 Excel 中，这个绿色的小三角代表一个信息：文本格式数字。意思就是数字被保存成了文本，而 SUM 函数求和时是忽略文本的，所以这样的数字求和结果为 0 就很正常了。

解决的方法就是把文本格式数字转成数值型数字，有两种方法。

1. 方法 1

使用单元格左上角的【错误检查选项】按钮，快速地转成数字，具体操作如下。

1 选择 C2:I5 单元格区域。

2 单击选区左上角的【错误检查选项】按钮，在弹出的菜单中选择【转换为数字】命令。

这时，单元格中的绿色小三角就消失了，同时"总计"中的 SUM 求和公式也计算正确了。

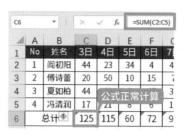

2. 方法2

第2种方法，使用选择性粘贴功能，也可以一劳永逸地解决问题，具体操作如下。

1 选择任意一个空白单元格，如 C8 单元格，按快捷键 Ctrl+C 复制该单元格。然后选择 C2:I5 单元格区域，单击鼠标右键，在弹出的菜单中选择【选择性粘贴】命令。

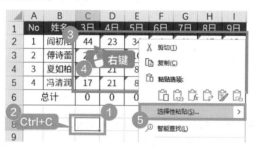

2 弹出【选择性粘贴】对话框，选择【数值】选项，然后选择【加】选项，单击【确定】按钮即可。

粘贴完成后，同样可以取消绿色小三角，把文本格式数字转换成数值型数字。

04 如何把超过 5 位的数字显示为多少"万"？

单元格重点数字非常大的时候，阅读起来会比较困难。

比如下面表格中都是几十万、上百万的数字，如果可以显示为多少"万"，阅读起来会更轻松。

	A	B	C	D
1	产品	1月	2月	3月
2	产品1	92135	254669	4159
3	产品2	634884	962575	638878
4	产品3	110628	757742	741990

	A	B	C	D
1	产品	1月	2月	3月
2	产品1	9.2万	25.5万	41.6万
3	产品2	63.5万	96.3万	63.9万
4	产品3	11.1万	75.8万	74.2万

使用 Excel 中的设置单元格格式功能，可以很方便地实现这个效果，具体操作步骤如下。

1 选择 B2:F9 单元格区域，单击鼠标右键，在弹出的菜单中选择【设置单元格格式】命令。

	A	B	C	D	E	F
1	产品	1月	2月	3月	4月	5月
2	产品1	92135	254669	415961	939652	594498
3	产品2		962575	638878	916733	565302
4	产品3	110628	757742	741		
5	产品4	93214	562219	340		
6	产品5	392699	741131	20		
7	产品6	208087	560503	345		
8	产品7	571004	614151	669		
9	产品8	149356	536468	352		

右键

- 新建批注(M)
- 新建注释(N)
- 设置单元格格式(F)...
- 从下拉列表中选择(K)...
- 显示拼音字段(S)

2 弹出【设置单元格格式】对话框，选择【数字】选项卡，在【分类】组中单击【自定义】命令，并在【类型】下方的编辑栏中输入"0!.0,"万""（不包含外双引号），单击【确定】按钮。

设置完单元格格式之后，数字就变得清晰多了。

1	产品	1月	2月	3月	4月	5月
2	产品1	9.2万	25.5万	41.6万	94.0万	59.4万
3	产品2	63.5万	96.3万	63.9万	91.7万	56.5万
4	产品3	11.1万	75.8万	74.2万	3.1万	89.3万
5	产品4	9.3万	56.2万	34.0万	19.2万	77.9万
6	产品5	39.3万	74.1万	20.9万	99.4万	88.2万
7	产品6	20.8万	56.1万	34.5万	36.0万	63.4万
8	产品7	57.1万	61.4万	67.0万	33.0万	85.3万
9	产品8	14.9万	53.6万	35.2万	4.0万	56.7万

提示

单元格格式代码"0!.0,"万""中的所有符号都必须是英文状态下的半角符号，否则无法正确地显示为多少"万"。

05 数字显示为"123E+16"时如何恢复正常显示?

你是否遇到过这样的问题，在单元格中输入身份证号码、银行卡号等长数字时，总是会出现类似"123E+16"这样的乱码。

姓名	身份证号码
阎初阳	1.23457E+17
傅诗蕾	2.34557E+17
夏如柏	3.45657E+17
冯清润	6.5... 身份证号乱码

这是因为数字太长，Excel 认为不方便阅读，所以就自动将其变成 "123E+16" 格式的科学记数法。但是对于身份证号码和银行卡号这类文本类型的数字而言，显然是多此一举。

解决这类问题的方法也不难，把数字变成文本类型数字，让 Excel 把数字完整地显示出来就可以了，具体的操作如下。

1 选择 B2:B5 单元格区域，在【开始】选项卡的功能区中单击【数字格式】编辑框右侧的下拉按钮，在弹出的菜单中选择【文本】命令。

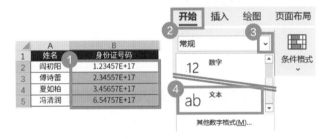

2 在已完成格式设置的单元格中重新输入身份证号码，就可以正常显示了。书中所列"身份证号码"，只作示例用。

	A	B
1	姓名	身份证号码
2	阎初阳	122141324232434545
3	傅诗蕾	214465464363464363
4	夏如柏	436456456436534657
5	冯清润	564... 身份证号显示完整

需要注意的是，Excel 在把长数字转换为科学记数法时，最多只保留 15 位数字，超出的部分会自动变成零，而且无法恢复。

所以在输入这类长数字之前，一定要先把单元格的格式设置为文本。

和秋叶一起学
秒懂 Excel

　　看似简单的表格打印也"暗藏"很多技巧。当表格被打印出来的时候，有时会发现各种各样的打印问题。

　　表格怎么没有打印在一页纸上？为什么除第一页外其他页都没有标题？如何给表格加上页码？

　　本章就带你学习 Excel 中的打印技巧，解决工作中那些看起来不大但有时让人很头疼的打印问题。

扫码回复关键词"秒懂 Excel"，下载配套操作视频。

4.1 打印页面设置

打印之前首先要做的就是设置好打印页面的大小。阅读本节内容你将学会如何让表格完整地打印在一页纸上等内容。

01 打印时总是分页，如何让表格正好占满一页纸？

Excel中原本显示在一页的表格，打印时却莫名其妙变成了很多页。打印时，如何让表格正好占满一页纸呢？

在 Excel 中可以通过分页预览视图来设置打印区域的大小，让表格铺满整个纸张。具体操作步骤如下。

1 在【视图】选项卡的功能区中单击【分页预览】图标，进入分页预览视图。单击 Excel 窗口右下角的【分页预览】按钮，可以实现相同的效果。

2 单击并拖曳页面中蓝色的分页线，将其拖曳到右侧的灰色区域，即可删除分页线。

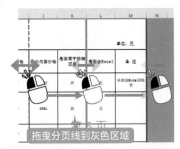

拖曳分页线到灰色区域

3 重复第 2 步操作，删除所有纵向和横向的分页线，变成下图所示的样子。再打印表格，就可以将表格数据完整地铺满整个页面。

　　如果你觉得一个个地删除分页线比较麻烦，也可以使用下面的小技巧来"偷懒"。

1 在【页面布局】选项卡的功能区中单击【宽度】图标右侧的下拉按钮，在弹出的菜单中选择【1 页】命令。

2 单击 Excel 窗口右下角的【分页预览】按钮进入分页预览视图，确认一下，所有的分页线一次性全部都删除了。

　　最后直接打印表格就可以了。

02　打印出来的表格不在纸张的中心位置，怎么办？

　　打印表格时，页面默认是靠左上对齐的，打印出来的内容不是居中显示。

在【页面布局】选项卡中调整居中方式，可以快速解决这个问题，具体操作如下。

1 在【页面布局】选项卡的功能区中单击【页面设置】组右下角的箭头按钮，打开【页面设置】对话框。

2 在【页边距】选项卡中选择【水平】和【垂直】选项，然后单击【确定】按钮。

设置完成后重新打印，表格内容打印出来就可以居中显示了。

4.2 页眉页脚设置

如何在每页表格中都添加公司的名称或者 Logo？如何给表格加上页码？这些都是页眉页脚相关的技巧。学完本节的技巧，读者都可以打印出商务范儿十足的表格。

01 想在每页加上公司名称，如何设置表格页眉？

有时公司里的表格文件打印的时候需要在页眉中添加公司的名称。

这个需求可以直接在 Excel 中实现，具体操作如下。

1 在【页面布局】选项卡的功能区中单击【页面设置】组右下角的箭头按钮，打开【页面设置】对话框。

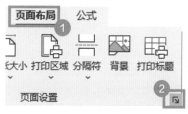

2 单击【页眉 / 页脚】选项卡，单击【自定义页眉】按钮。

3 弹出【页眉】对话框，在【左部】下方的编辑框中输入公司名称，然后单击【确定】按钮。

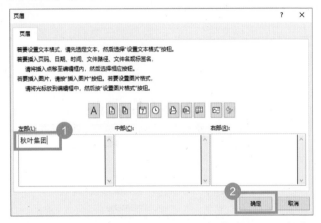

　　　设置完成后按快捷键 Ctrl+P 进入打印预览界面，可以查看页眉的设置效果。

　　　在 Excel 中还有一个更简单的页眉设置方法。

■ 在 Excel 窗口右下角单击【页面布局】按钮，进入页面布局视图。将光标放在页眉区域，直接输入公司名称即可。

另外，在页眉编辑状态下，还可以在【页眉和页脚】选项卡的功能区中设置页码、页数、日期等各种页眉信息。

02 打印时每页表格要添加页码，怎么做？

打印表格时如果有很多页，给每页都加上页码，方便阅览打印出来的表格，也方便统计表格共打印了多少页。

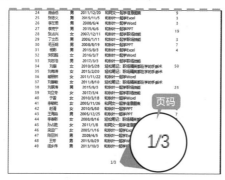

在表格中添加页码的操作非常简单，具体操作如下。

1 在【页面布局】选项卡的功能区中单击【页面设置】组右下角的箭头按钮，打开【页面设置】对话框。

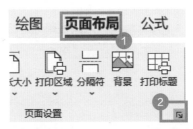

2 单击【页眉/页脚】选项卡，单击【自定义页脚】按钮。

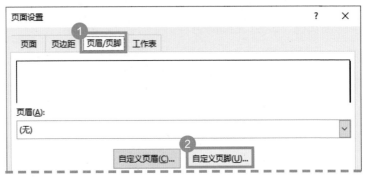

3 弹出【页脚】对话框，单击【中部】下方的编辑框，然后单击【插入页码】按钮，输入"/"，单击【插入页数】按钮，完成页码的设置。最后单击【确定】按钮。

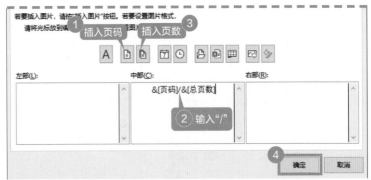

设置完成后按快捷键 Ctrl+P 进入打印预览界面，可以查看页码的设置效果。

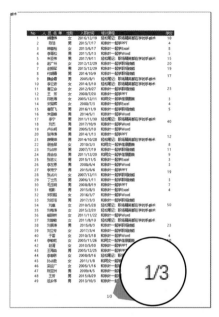

在 Excel 中切换到页面布局视图，设置页码会更简单，具体操作如下。

1 在 Excel 窗口右下角单击【页面布局】按钮，进入页面布局视图。

2 在数据区域下方找到页脚区域，在这里编辑页脚内容。在【页眉和页脚】选项卡的功能区中单击相应的按钮，插入页码、页数即可。

03 工资条打印出来只有第1页有标题，怎么办？

本例中的表格是一个"培训人员名单"，因为人数非常多，打印出来会有很多页，但是只有第1页有标题，后面几页都没有，查看时非常不方便。

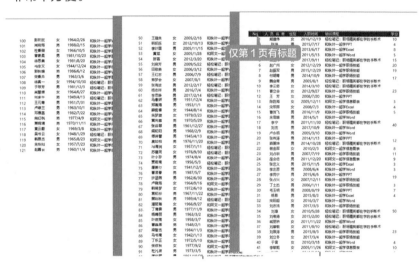

仅第1页有标题

如何在打印的时候，为每一页表格都加上标题呢？

使用 Excel 中的打印标题功能，可以解决这个问题，具体操作如下。

1 在【页面布局】选项卡的功能区中单击【打印标题】图标。

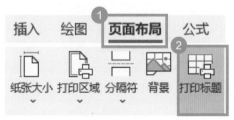

2 弹出【页面设置】对话框，选择【工作表】选项卡，单击【顶端标题行】右侧的选择区域按钮，当鼠标指针变成一个黑色右箭头形状时选中表格中的标题行，即第一行，单击【确定】按钮。

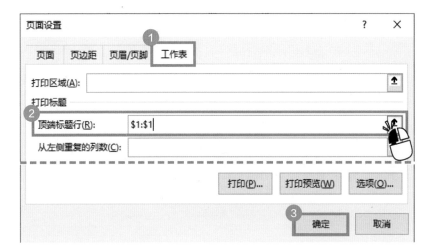

3 设置完成后按快捷键 Ctrl+P，进入打印预览视图查看，可以看到每一页的表格都有标题了。

和秋叶一起学

秒懂 Excel

▶ 第 5 章 ◀
排序与筛选

　　排序和筛选是 Excel 中非常简单、实用的功能，但是使用时总会遇到各种各样的问题，比如：如何根据"年级"进行分组排序？如何按照姓名随机排序？如何筛选出重复值？

　　带着这些问题阅读本章，你将找到对应的答案，解决排序和筛选过程中的困扰。

扫码回复关键词"秒懂 Excel"，下载配套操作视频。

5.1 排序

本节将从排序的基础用法开始，讲解排序的规则，并在常见的排序问题中实战讲解排序的用法。

01 表格数据的顺序不对，如何进行排序？

Excel 中的排序功能可以把数据按照一定的顺序排列，让原来杂乱无章的数据变得有规律。

排序的方法很简单，比如现在要对"语文成绩"列进行降序排序，具体操作如下。

① 选择"语文成绩"列中的任意一个数据，如 C2 单元格。

② 在【数据】选项卡的功能区中单击【降序】图标，即可完成"语文成绩"列的排序。

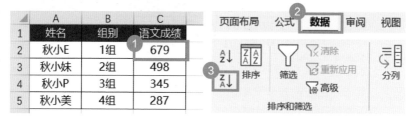

需要注意的是，在排序时，文字、数字等不同的数据内容，排序的规则是不同的，以升序排序为例。

数字的升序排序，是按照数字从小到大的顺序排列。

数字		数字升序
356		118
118	⇨	228
228		356
684		684

英文文本的升序排序，是按照英文字母 A 到 Z 的顺序排列。

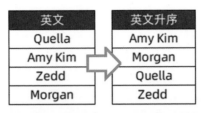

中文文本的升序排序，是按照拼音的字母顺序排列。

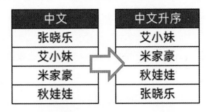

如果对多个字母、数字组成的复杂文本排序，则按照字符从左到右依次对比进行。

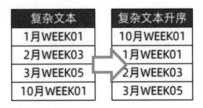

比如上图所示的表格中，这些数据看上去是日期，实际是由数字、汉字、字母组合成的复杂文本。

在排序过程中，首先对每个单元格的第 1 个字符"1""2""3""1"进行排序，所以"10 月 WEEK01"和"1 月 WEEK01"排到了一起。

再对第 2 个字符"月""月""月""0"排序，因为在计算机的字符集编码体系里，数字、字母对应的数字都比汉字要小，所以"0"排在了"月"的前面。依此类推，再对其他字符逐个对比排序。

02 数据分成了不同的小组，如何按小组排序？

工作中经常需要对多列进行排序，比如下面的表格中需要：

● 按照年级进行降序排列；

● 相同年级的按照班级进行升序排列。

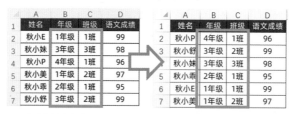

面对不同条件的排序时，如何进行高效排序？

当遇到多个不同的排序条件时，可以使用【数据】选项卡的功能区中的自定义排序功能，方便地设置排序条件，具体操作如下。

1 单击数据区域中的任意一个单元格，如 A1 单元格，在【数据】选项卡的功能区中单击【排序】图标。

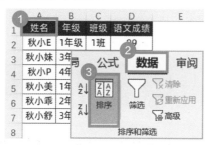

2 弹出【排序】对话框，单击【主要关键字】右侧的下拉按钮，选择【年级】命令；单击【排序依据】下方的下拉按钮，选择【单元格值】命令；单击【次序】下方的下拉按钮，选择【降序】命令；单击【确定】按钮。

这样，第 1 个排序条件就设置好了，接下来添加第 2 个排序条件。

3 在【排序】对话框中单击【添加条件】按钮新增一个条件，单击【次要关键字】右侧的下拉按钮，选择【班级】命令；单击【排序依据】下方的下拉按钮，选择【单元格值】命令；单击【次序】下方的下拉按钮，选择【升序】命令；单击【确定】按钮。

排序过程中，【主要关键字】要比【次要关键字】的优先级更高，所以就实现了先按照"年级"降序排序，然后按"班级"升序排序的需求。

姓名	年级	班级	语文成绩
秋小P	4年级	1班	96
秋小舒	3年级	2班	99
秋小妹	3年级	3班	98
秋小乖	2年级	1班	95
秋小E	1年级	1班	99
秋小美	1年级	2班	97

另外，使用自定义排序功能，还可以基于单元格的其他属性，比如单元格颜色、字体颜色、条件格式图标等，实现更多的排序需求。

03 抽奖时人名顺序需要打乱，如何随机排序？

公司年会抽奖时，经常需要把员工名单顺序打乱，让每个人都有中奖机会。

	A	B	C
1	姓名	部门	工龄（年）
2	徐文文	品牌部	3
3	许雯雯	销售部	1
4	徐雯雯	行政部	2
5	许文文	品牌部	6
6	小布丁	销售部	3
7	小棉花	技术部	4
8	小明	人事部	1.5
9	小宏	运营部	5
10	小红	人事部	5
11	晓红	行政部	2

在 Excel 表中打乱数据顺序非常简单，使用排序功能加 RAND 函数就可以轻松实现，具体操作如下。

1 将鼠标指针放在 B 列的列标上，单击鼠标右键，在弹出的菜单中选择【插入】命令，插入一个辅助列。

2 选择 B2 单元格，输入如下公式，将鼠标指针放在单元格右下角，双击填充柄填充公式。

B2	✓ : × ✓ ƒx	=RAND()

	A	B	C
1	姓名	辅助列	部门
2	徐文文	0.4538	品牌部
3	许雯雯	0.3604	销售部
4	徐雯雯	0.97	行政部
5	许文文	0.3207	品牌部
6	小布丁	0.7369	销售部
7	小棉花	0.7324	技术部

随机数

```
=RAND()
```

3 选择 B2 单元格，在【数据】选项卡的功能区中单击【升序】图标，完成随机排序。排序过程中，B 列的值会随机改变。

RAND 函数用来生成 0 ~ 1 的随机小数，因为小数是随机的，所以使用升序排序后，得到的顺序自然也是随机的。排序的时候"姓名"列也会随着排序，这就实现了打乱名单的需求了。

04 排序时 1 号后面不是 2 号，而是变成了 10 号，怎么办？

在进行数据排序时，经常遇到一种很头疼的情况：数据不是按照 1、2、3……排列的，而是在 1 前面出现了 10、11 等情况，如下面表格所示。并且无论怎样调整排列规则都没有办法调整，这时该如何处理？

表格中的"编号"是由数字和汉字组合而成的，所以排序的时候不是按照数字排序，而是按照文本的方式排序的，从左边第 1 个字符开始逐一地对比和排序。

解决的方法就是把数字单独提取出来，然后按照数字排序，具体的操作如下。

▌1▐ 选择 C2 单元格。

▌2▐ 在编辑栏中输入如下公式，按 Enter 键。

=--LEFT(A2,LEN(A2)-1)

▌3▐ 将鼠标指针放在单元格右下角，指针变成黑色加号形状时，双击鼠标填充公式。

▌4▐ 选择 C2 单元格，在【数据】选项卡的功能区中单击【升序】图标，按照辅助列进行排序即可。

公式的作用是把数字单独提取出来，具体的原理如下。

▌1▐ 使用 LEFT 函数提取"编号"中左侧指定长度的字符。

=LEFT(A3, 数字长度)

▌2▐ "编号"中的数据都包含"号"字，所以数字的长度，可以使用 LEN 函数计算出总长度，再减"1"。

数字长度 = LEN(A3)-1

▌3▐ 数字提取出来之后是文本格式的，在公式前面加上"--"，对数字两次取反，在保持数字不变的情况下，把文本转换成数值，然后就可以按照数字进行排序了。

=--LEFT(A3,LEN(A3)-1)

5.2 筛选

筛选这项技术本身并不难，本节会在筛选的基本用法上，拓展更多高级的用法，如筛选重复值、多列数据筛选。

01 筛选数据时需要满足多个条件，如何筛选？

筛选是 Excel 中非常常用的一个操作，可以把需要的数据快速筛选出来。

姓名	性别	入职时间	基本工资
汪班	男	2018/3/8	3500.00
王收文	男	2019/6/3	4500.00
汪小娇	女	3500.00
许文文	男	300
王慧慧		2014/7/8	4500.00
小棉花	男	2020/1/1	4000.00
小明	男	2016/4/9	3000.00
小宏	女	2015/5/6	5000.00

筛选 2018 年入职员工

姓名	性别	入职时间	基本工资
汪班	男	2018/3/8	3500.00
许文文	男	2018/6/9	3000.00

筛选操作也非常简单。在【数据】选项卡的功能区中单击【筛选】图标，进入筛选状态。然后单击标题行单元格右侧的筛选按钮，根据需要筛选数据，就可以了。

这是简单的筛选，如果筛选的条件非常的多，筛选的操作也会复杂很多。

比如下面的表格中，要筛选出名单中 2018 年入职的男员工，应该如何筛选？

姓名	性别	入职时间	基本工资
汪班	男	2018/3/9	2500.00
王收文	男	2019/6/3	4500.00
汪小娇	女	2019/8/7	3500.00
许文文	男	2018/6/9	3000.00
王慧慧	女	2014/7/8	4500.00
小棉花	男	2020/1/1	4000.00
小明	男	2016/4/9	3000.00
小宏	女	2015/5/6	5000.00

这个难度并不大，我们只需要按照数据列依次做筛选就可以了，具体操作如下。

1 选择数据区域中的任意一个单元格，如 C2 单元格。

2 在【数据】选项卡的功能区中单击【筛选】图标，出现筛选按钮。

3 先单击【性别】标题单元格右侧的筛选按钮，在弹出的菜单中仅选择【男】选项；再单击【入职时间】标题单元格右侧的筛选按钮，在弹出的菜单中仅选择【2018】选项。

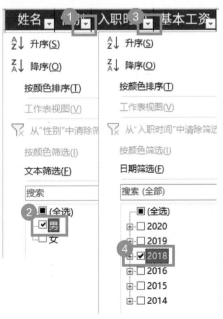

这样 2018 年入职的男员工就被筛选出来了。

这是对不同列的多条件筛选，如果是同一列数据按不同条件的筛选，操作方法则不同。

比如下图所示的表格中，要同时把姓"王"或"汪"的名单筛选出来，应这样操作。

姓名	性别	入职时间	基本工资
汪班	男	2018/3/8	3500.00
王收文	男	2019/6/3	4500.00
汪小娇	女	2019/8/7	3500.00
		2018/6/9	30
		2014/7/8	4500.00
小棉花	男	2020/1/1	4000.00
小明	男	2016/4/9	3000.00
小宏	女	2015/5/6	5000.00

筛选"王"或"汪"姓人员

姓名	性别	入职时间	基本工资
汪班	男	2018/3/8	3500.00
王收文	男	2019/6/3	4500.00
汪小娇	女	2019/8/7	3500.00
王慧慧	女	2014/7/8	4500.00

1 单击【姓名】标题单元格右侧的筛选按钮，在弹出的菜单的【搜索】编辑框中输入"王*"，单击【确定】按钮，把"王"姓的名字筛选出来。

2 单击【姓名】标题单元格右侧的筛选按钮，在弹出的【搜索】编辑框中输入"汪*"，一定要在下方列表中选择【将当前所选内容添加到筛选器】选项，然后单击【确定】按钮，这样可以在当前筛选结果的基础上，把"汪"姓的记录也一起筛选出来。

如果想要取消筛选，在【数据】选项卡的功能区中单击【清除】
图标即可。

02 表格中有重复数据，如何快速筛选出来？

表格中的数据经常会出现重复值，导致数据统计不准确。

比如下面的数据中，部分姓名出现了多次，如何通过筛选功能找
出这些重复的姓名呢？

姓名	成绩	等级	
陈三	93	B	
穗穗	98	A	
蒋饶	90	B	
小明	97	A	
晓丽	98	A	
蛋蛋	99	A	
白白	96	A	重复
孙小乐	97	A	
秦淮	88	C	
白白	96	A	重复
晓丽	98	A	
三白	88	C	

Excel 的筛选功能本身无法直接筛选重复值，我们可以通过
COUNTIF 函数统计每个姓名出现的次数，然后筛选出现次数大于 1
的记录就可以了。

1 选择 D1 单元格，并输入字段标题"辅助列"。

2 选择 D2 单元格，在编辑栏中输入公式，并按 Enter 键。将鼠标指

针放在单元格右下角，当指针变成黑色加号形状时，双击鼠标向下填充公式。

=COUNTIF(A:A,A2)

D2	▼ : × ✓ fx		=COUNTIF(A:A,A2)	
▲	A	B	C	D	E
1	姓名	成绩	等级	辅助列	
2	陈三	93	B	1	
3	穗穗	98	A	2	
4	蒋饶	90	B	双击填充公式	
5	小明	97	A		
6	晓丽	98	A	2	
7	蛋蛋	99	A	2	
8	白白	96	A	2	

这样就通过 COUNTIF 函数，把每个姓名出现的次数统计出来了。其中大于 1 的数据就是重复的记录。

3 选择辅助列的标题（D1 单元格），在【数据】选项卡的功能区中单击【筛选】图标，出现筛选按钮，单击【辅助列】标题单元格右侧的筛选按钮，在弹出的菜单的筛选列表中取消选择【1】选项，单击【确定】按钮，就把重复的数据筛选出来了。

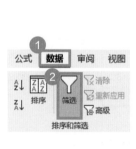

和秋叶一起学
秒懂 Excel

▶▶ 第 6 章 ◀◀
数据透视表

　　Excel 的功能有很多，并不是所有的功能都要学习。如果说 Excel 中有一项功能是每个人都不能错过的，那肯定是数据透视表！

　　数据透视表是一种交互式的表格，只需要用鼠标拖曳字段到指定区域，就可以高效地完成数据统计。整个过程不需要写任何函数公式，只要明确了统计的需求，就能快速完成统计。

　　当原始数据发生变化时，在数据透视表中刷新即可同步更新统计结果。

　　本章将带你从零开始学习强大的数据透视表功能。

扫码回复关键词"秒懂 Excel"，下载配套操作视频。

6.1 数据透视表基础

学习数据透视表的第一步是创建数据透视表，以及弄明白不同字段在统计区域中的放置方式。

01 怎么用数据透视表统计数据？

我们在做汇报前，都需要对数据进行分类统计。这时你还在一点一点手动求和？或者手动键入各种公式来运算？

推荐使用数据透视表，只需要动几下鼠标就可以得到完美的统计结果。

以下面左图所示的表格为例，要统计各个产品的销售金额总和。

使用数据透视表可以快速得到下面右图所示的统计结果，具体操作如下。

1️⃣ 选择数据区域中的任意一个单元格，在【插入】选项卡的功能区中单击【数据透视表】图标。

2️⃣ 弹出【创建数据透视表】对话框，选择【新工作表】选项，单击【确定】按钮，创建一个空白数据透视表。

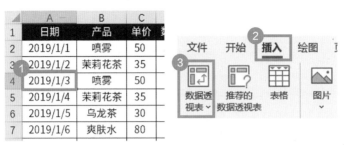

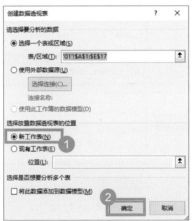

3 选择数据透视表中的任一单元格，在右边的【数据透视表字段】面板中，将【产品】字段拖曳到【行】区域中，将【金额】字段拖曳到【值】区域中，数据的统计就轻松完成了。

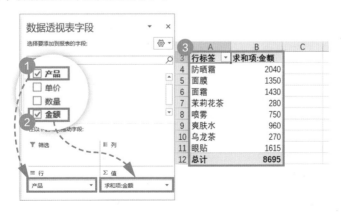

掌握数据透视表技术的关键是要明确【数据透视表字段】面板的使用方法。该面板主要分为两个部分。

● 字段列表：对应原始表格中的各列的标题名称。

● 分类区域：【筛选】区域用来对数据进行筛选，改变统计的筛选条件；【行】区域和【列】区域是统计维度区域，比如常见的部门、地区、产品名称等；【值】区域是数据统计区域，可以对"数量""金额"等数据进行求和、计数、求平均值等计算。

明白了用法之后，用数据透视表就像搭积木一样，通过调整字段的位置、数据透视表的布局，就可以轻松完成各种形式的统计！

02 要快速统计销售总数，如何用数据透视表实现？

在统计数据时，按照指定字段进行分类统计是非常高频的操作。

比如下图所示的表格中，要统计每个产品的总销量，如何用数据透视表快速地统计呢？

	A	B	C	D	E
1	日期	产品	单价	数量	金额
2	2019/1/1	喷雾	50	10	500
3	2019/1/2	茉莉花茶	35	2	70
4	2019/1/3	喷雾	50	5	250
5	2019/1/4	茉莉花茶	35	6	210
6	2019/1/5	乌龙茶	30	5	150
7	2019/1/6	爽肤水	80	5	400
8	2019/1/7	乌龙茶	30	4	120
9	2019/1/8	爽肤水	80	7	560
10	2019/1/9	面膜			900
11	2019/1/10	眼贴	95	11	1045
12	2019/1/11	面膜	90	5	450
13	2019/1/12	眼贴	95	6	570

原始数据

行标签	求和项:数量
防晒霜	17
面膜	15
面霜	13
茉莉花茶	8
喷雾	15
爽肤水	12
乌龙茶	9
眼贴	17
总计	**106**

统计结果

1 选择数据区域中的任意一个单元格，在【插入】选项卡的功能区中单击【数据透视表】图标。弹出【创建数据透视表】对话框，选择【新工作表】选项，单击【确定】按钮即可插入一个新的数据透视表。

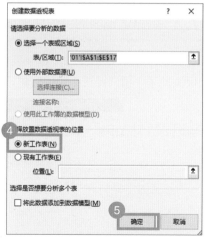

2 在【数据透视表字段】面板中，把【产品】字段拖曳到【行】区域，【数量】字段拖曳到【值】区域，透视表就完成了分类统计。

　　数据透视表就是这么简单，鼠标拖曳一下，就完成了不同的数据统计。

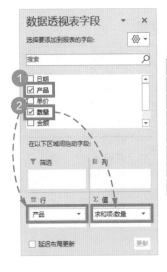

行标签 ▼	求和项:数量
防晒霜	17
面膜	15
面霜	13
茉莉花茶	8
喷雾	15
爽肤水	12
乌龙茶	9
眼贴	17
总计	106

03　数据透视表的字段面板没有了，如何显示出来？

在制作数据透视表时，如果不小心把右侧的【数据透视表字段】面板关掉了，再选择透视表的时候，右侧就不会显示这个面板了。

如何将消失的字段面板调出来？其实非常简单。

1️⃣ 选择数据透视表中的任意一个单元格。

2️⃣ 在【数据透视表分析】选项卡的功能区中单击【字段列表】图标，即可显示字段面板，再次单击可隐藏字段面板。

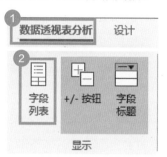

同理，和【字段列表】同一组的【+/- 按钮】【字段标题】按钮也是一个"开关"，单击可以显示或隐藏对应的选项。

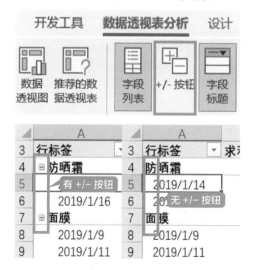

04 数据透视表按月汇总数据时提示错误，怎么办？

针对日期类型的数据用透视表做统计的时候，可以在日期列中单击鼠标右键，选择【组合】命令，在弹出的【组合】对话框中选择不同的日期单位，如【月】，快速地按月汇总数据。

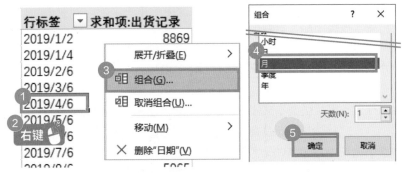

但是组合过程中有时会出现选定区域不能分组的提示，无法按照【月】进行汇总数据，此时该如何处理？

透视表中【组合】分类统计的功能，只对规范的日期类数据起作用，即用"–"或"/"连接年月日的日期，比如"2020/5/6""2020-5-6"。

如果数据中的日期是"2020.5.6""20200506"等不规范格式，或者有非日期格式的内容、空白单元格，都会导致组合功能无法使用。

解决的方法就是把不规范的日期转成格式规范的日期，具体操作如下。

错误的日期格式
2020.5.6
20200506
20.05.06
2020-05-06

1 选择 A2:A8 单元格区域，按快捷键 Ctrl+H，打开【查找和替换】对话框。

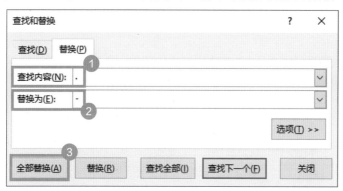

2 在【查找内容】编辑框中输入 "."，在【替换为】编辑框中输入 "-"，单击【全部替换】按钮。通过替换的方式，把日期转成规范的格式。

3 保持 A2:A8 单元格区域的选中状态，在【数据】选项卡的功能区中单击【分列】图标。

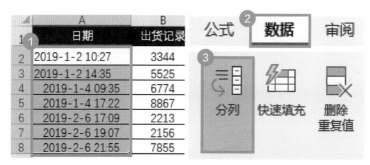

4 弹出【文本分列向导】对话框，单击两次【下一步】按钮，在【文本分列向导 – 第 3 步，共 3 步】中设置【列数据格式】为【日期】→【YMD】，单击【完成】按钮，完成日期格式的转换。

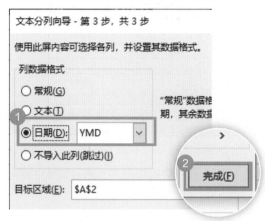

5 数据整理完成之后，选择透视表中的任意一个单元格，单击鼠标右键，选择【刷新】命令。

6 再次在透视表的日期列中单击鼠标右键，选择【组合】命令，弹出【组合】对话框，选择【月】命令，单击【确定】按钮，这个时候就可以正常地按照不同日期单位进行分组统计了。

　　总结一下，在数据透视表里组合日期列的时候，一定要注意日期列所包含的内容与对应格式，才能顺利完成组合操作。

6.2 快速统计数据

数据透视表的强项是完成多维度数据的复杂统计，本节通过年度、季度统计等案例，带你认识数据透视表强大的统计功能。

01 按照班级、年级统计及格和不及格的人数，怎么做？

本例中，需要按照不同年级、班级，统计成绩及格和不及格的人数，如何使用数据透视表快速实现呢？

	A	B	C	D
1	姓名	年级	班级	分数状态
2	小白	1年级	1班	及格
3	叮叮	3年级	2班	及格
4	小黑	1年级	2班	不及格
5	月月	2年级	1班	不及格
6	悦悦	3年级	1班	不及格
7	越越	3年级	1班	及格
8	跃跃	2年级	2班	及格
9	小乖	2年级	2班	不及格

这是一个多维度的数据统计，使用数据透视表中的【行】【列】区域，可以很方便地完成统计，具体操作如下。

1 选择数据区域中的任意一个单元格，在【插入】选项卡的功能区中单击【数据透视表】图标。

2 弹出【创建数据透视表】对话框，直接单击【确定】按钮，创建一个空白的数据透视表。

3 选择数据透视表中的任意一个单元格，在【数据透视表字段】面板中，将【年级】【班级】【分数状态】【姓名】字段分别拖曳到【行】【列】【值】区域中，完成数据统计。

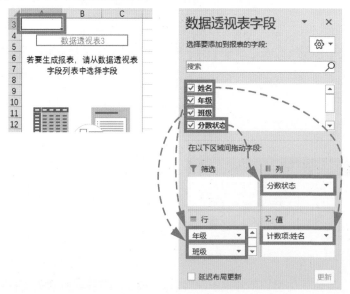

4 确保数据透视表为选中状态，单击【设计】选项卡功能区中的【报表布局】按钮，选择【以表格形式显示】命令，调整数据透视表的布局即可。

【数据透视表字段】面板中，【行】区域就是把字段放在行的方向，【列】区域就是把字段放在列的方向，把字段分别放在【行】和【列】区域，就可以轻松实现多个维度的数据统计了。

02 按年度、季度、月份进行统计，怎么做？

做月报、季度统计是让人非常头疼的事情，因为要按照月份、季度一个一个地统计数据。

	A	B	C
1	日期	支出	收入
2	2019/1/3	345	492
3	2019/1/15	223	500
4	2019/1/30	345
5	2019/2/8	566	890
6	2019/3/7	22	123
7	2019/3/18	795	325

原始数据

	A	B	C
18	月份	支出	收入
19	1月	580	1337
20	2月		
21	3月	1267	2011

按月份统计数据

	A	B	C
26	季度	支出	收入
27	第一季	2413	4238
28	第二季		

按季度统计数据

在数据透视表中使用组合功能，可以一键快速实现年度、季度、月份的数据统计，具体操作如下。

1 选择数据区域中的任意一个单元格，在【插入】选项卡的功能区中单击【数据透视表】图标，弹出【创建数据透视表】对话框，直接单击【确定】按钮，插入一个空白的数据透视表。

	A	B	C	D
1	日期	支出	收入	
2	2019/1/3	345	492	
3	2019/1/15	223	500	
4	2019/1/30	12	345	
5	2019/2/8	566	890	

文件　开始　**插入**　页面布局

数据透视表　推荐的数据透视表　表格

2 选择数据透视表中的任意一个单元格，在【数据透视表字段】面板中，将【日期】【支出】【收入】字段分别拖曳到【行】和【值】区域中。

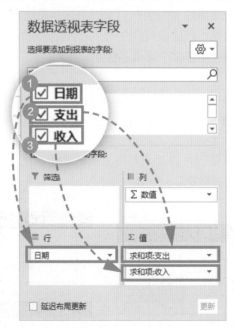

3 选择【行标签】中的任意一个单元格，单击鼠标右键，选择【组合】命令。弹出【组合】对话框，在【步长】列表框中分别选择【年】【月】【季度】命令，单击【确定】按钮，即可完成数据的分组统计。

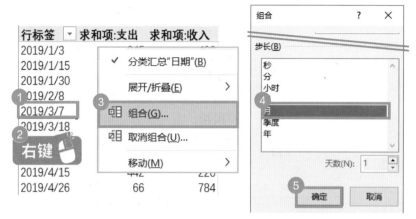

使用数据透视表最方便的是，如果表格中的数据更新了，只需要在透视表的统计结果中单击鼠标右键，在弹出的菜单中选择【刷新】命令，就可以同步更新数据。

6.3 布局排版

数据透视表统计数据确实非常快，但是数据透视表的表格样式和普通的统计表格差别很大，比如数据透视表的字段标题中自动出现"求和项："，相同标签没有合并等。

这些都属于数据透视表布局排版的问题，也是本节要介绍的主要内容。

01 数据透视表中相同的单元格，如何批量合并？

把相同类型的数据合并到一个单元格中，会让表格排版更美观，如图所示。

但是在把数据透视表布局调整为"以表格形式显示"后，尝试合并单元格时，会提示无法对所选单元格进行此更改，无法合并。如何合并透视表中的相同单元格呢？

月份	部门	求和项 销量
	丙组	1123
1月	独立团	2890
	甲组	983
	乙组	2235
	丙组	5432
2月	独立团	4229
	甲组	1245
	乙组	2331
	丙组	2235
3月	甲组	4315
	乙组	2254
总计		29272

月份	部门	求和项:销量
1月	丙组	1123
	独立团	2890
	甲组	983
	乙组	2235
乙组		2254
总计		29272

Microsoft Excel ×

⚠ 无法对所选单元格进行此更改，因为它会影响数据透视表。请使用字段列表更改报表。如果您试图插入或删除单元格，请移动数据透视表，然后再试。

确定

在数据透视表中是无法直接合并单元格的，但是可以借助【布局和格式】选项来实现，具体操作如下。

1 选择数据透视表中的任意一个单元格。

2 在【设计】选项卡的功能区中单击【报表布局】图标→【以表格形式显示】命令，修改数据透视表的布局。

3 在数据透视表的任意一个单元格中单击鼠标右键，选择【数据透视表选项】命令。

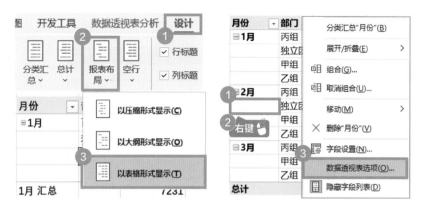

4 弹出【数据透视表选项】对话框，单击【布局和格式】选项卡，选择【合并且居中排列带标签的单元格】选项，单击【确定】按钮即可。

这样操作后，数据透视表中相同类别的数据就合并到一个单元格里了，表格变得美观又整洁了。

02 数据透视表的统计结果不美观，如何美化？

数据透视表创建好之后，数据会默认"挤"在一列中，和平常所用的报表中的统计结果不一样，非常不美观。

行标签	求和项：销量
⊟ **1月**	**7231**
甲组	983
丙组	1123
乙组	2235
独立团	2890
⊟ **2月**	**13237**
甲组	1245
乙组	2331
独立团	4229
丙组	5432
总计 数据透视表	**20468**

月份	部门	销量
1月	甲组	983
1月	乙组	2235
1月	丙组	1123
1月	独立团	2890
2月	甲组	1245
2月	乙组	2331
2月	丙组	5432
2月	独立团	4229

美观的统计表

数据透视表的美化功能基本都在【设计】选项卡中，以上面的表格为例，美化透视表的具体操作如下。

1 插入一个数据透视表，并按照下图所示，设置数据透视表的字段，完成数据统计。

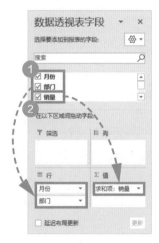

2 选择数据透视表中的任意一个单元格，在【设计】选项卡的功能区中单击【报表布局】图标→【以表格形式显示】命令，将数据表从默认的压缩状态改为表格状态，执行类似操作，选择【重复所有项目标签】命令。

3 在【设计】选项卡的功能区中单击【分类汇总】图标→【不显示分类汇总】命令,可以取消显示汇总行。

4 在【设计】选项卡的功能区中单击【总计】图标→【对行和列禁用】命令,可以取消显示总计行。

5 在【设计】选项卡功能区中的【数据透视表样式】选项中单击任意的样式，可以调整数据透视表整体的配色，成为与主题一致的表格，整体更整洁美观。

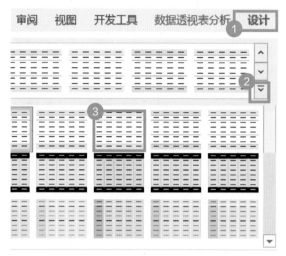

总结一下，数据透视表的美化可以从下面几个方面着手，让表格更美观。

● 报表布局；

● 分类汇总；

● 总计；

● 数据透视表样式。

另外透视表单元格数值的格式、字体、填充颜色等，根据实际需要调整即可。

03 表格需要拆分成多张工作表，怎么做？

有时我们需要把一个工作表按照指定列拆分成多张工作表，比如下图所示的表格中，要按照车间把数据拆分成单独的"车间"工作表，如何批量完成？

利用数据透视表中的显示报表筛选页功能，可以批量实现工作表拆分的需求，具体操作如下。

1 选择数据中的任意一个单元格，在【插入】选项卡的功能区中单击【数据透视表】图标，弹出【创建数据透视表】对话框，直接单击【确定】按钮，创建一个数据透视表。

2 选择数据透视表中的任意一个单元格，把【车间】【员工姓名】【产量】字段分别拖曳到【筛选】【行】【值】区域，完成数据统计。

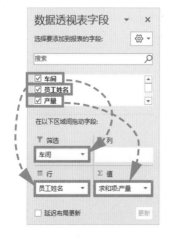

车间	(全部)
行标签	**求和项:产量**
贝贝	88
卡卡	93
乐乐	89
小白	82
小李	81
小王	87
壮壮	96
总计	**616**

3 选择数据透视表中的任意一个单元格，在【数据透视表分析】选项卡的功能区中单击【选项】图标右侧的下拉按钮，单击【显示报表筛选页】命令，在弹出的【显示报表筛选页】对话框中选择【车间】，单击【确定】按钮，就可以按车间列批量生成多个工作表。

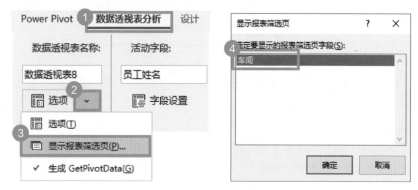

在单击【显示报表筛选页】命令后，显示的对话框中列出的是【数据透视表字段】面板中【筛选】区域的字段名称，因此如果后续想按照其他列拆分数据，把对应的字段拖曳到【筛选】区域就可以了。

和秋叶一起学 秒懂 Excel

▶ 第7章 ◀
图表美化

字不如表，表不如图。想要把数据背后的信息快速地传递给他人，可以用图表呈现。

生活和工作中的图表随处可见，比如，手机中各个 App 耗电时间对比使用的是图表，春节电影票房的排行榜使用的是图表，就连年终总结的 PPT 中，领导也偏爱看图表。

所以掌握图表制作技巧，是 Excel 学习过程中必须要经历的。本章将从图表基础开始，结合常见的图表问题，带大家一起学习图表制作的实用技巧。

扫码回复关键词"秒懂 Excel"，下载配套操作视频。

7.1 图表操作基础

本节主要讲解如何在 Excel 中创建图表，以及如何选择合适的图表类型。掌握了这些知识，才能做出既好看又直观的图表。

01 如何在 Excel 中插入图表？

相较于单调的数据，图表有着更直观、更容易理解的优点。在各种行业汇报、工作总结中，图表也成了必不可少的元素。

比如下图表格中的数据，用右侧的图表呈现就变得非常清晰了。这个图表做起来也不难，具体操作如下。

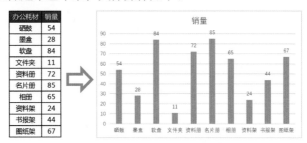

■ 选择数据中的任意一个单元格，在【插入】选项卡的功能区中单击【簇状柱形图】命令即可生成图表。

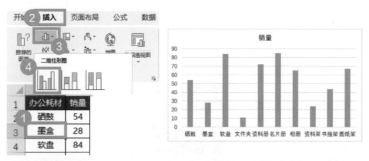

如果图表制作完成之后，发现【条形图】能更直观地显示哪种办公耗材的销量更多，想把图表类型换成条形图，应该怎么操作呢？

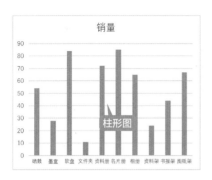
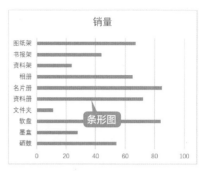

使用更改图表类型功能可以轻松实现,具体操作如下。

1 选择图表,在【图表设计】选项卡的功能区中单击【更改图表类型】图标。

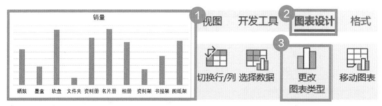

2 弹出【更改图表类型】对话框,单击【条形图】中的【簇状条形图】,单击【确定】按钮即可将柱形图改为条形图。

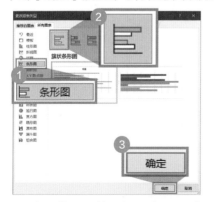
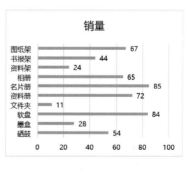

这里使用了柱形图和条形图演示了插入图表和更改图表类型的操作,其实 Excel 中的任何图表类型,都是相同的操作,只是在插入图表或更改图表类型时,选择不同的图表就可以了。

02 表格中新增的数据，如何添加到图表中？

当完成了表格和图表的制作后，如果又增加了商品的销量数据，应该如何把数据更新到图表中呢？

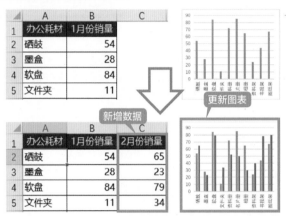

我们可以使用选择数据功能来更新图表的数据，具体操作如下。

1 选择图表，在【图表设计】选项卡的功能区中单击【选择数据】图标。

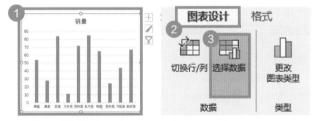

2 弹出【选择数据源】对话框，单击【添加】按钮。

3 在【编辑数据系列】对话框中设置【系列名称】为 C1 单元格，即新增的"2 月份销量"；【系列值】为 C2:C11 单元格区域，即新增的数据，依次单击【确定】按钮。

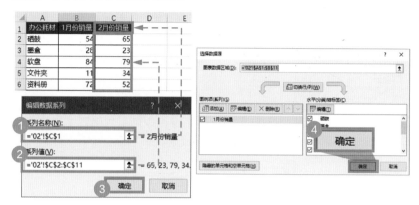

这样新增的数据就更新到图表中了。

03 柱形图如何做出占比的效果？

下图所示的表格中，一列是实际销量，另一列是目标销量，做出来的柱形图样式比较普通。如何做出下面右边图表展示的占比效果？

办公耗材	目标	实际
硒鼓	180	123
墨盒	180	59
软盘	180	156
文件夹	180	122
资料册	180	129

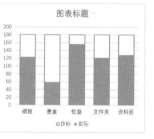

占比效果可以通过设置柱形图的属性实现，具体的操作如下。

1 选择数据区域中的任意一个单元格，在【插入】选项卡的功能区中单击【插入柱形图或条形图】→【簇状柱形图】，插入一个普通的柱形图。

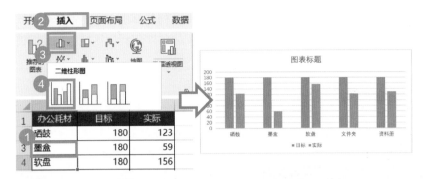

2 用鼠标右键单击图表的柱形，选择【设置数据系列格式】命令，右侧出现图表的属性面板。

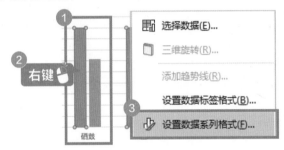

3 设置【系列重叠】为100%，让两个柱形重叠在一起; 设置【间隙宽度】为60%，让柱形稍微粗一点。

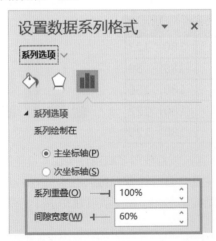

4 单击"目标"数据系列对应的柱形，在【格式】选项卡的功能区中，设置【形状填充】为白色，【形状轮廓】设置为和"实际"系列一致的绿色。

设置完成之后，柱形图中就可以直观地看出每个产品的销售达成情况了。

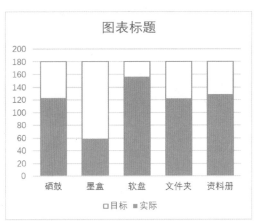

04 图表中同时使用折线图和柱形图，怎么做？

表格中一列是销量，另一列是累计总数，使用普通的柱形图很难体现出累计总数的增长趋势。

如何在一张图表（如下图所示）里实现用柱形图体现销量，用折线图体现累计总数增长趋势？

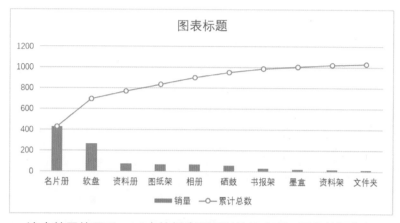

这个效果使用 Excel 中的组合图可以快速实现，具体的操作如下。

1 选择表格中的数据，在【插入】选项卡的功能区中单击【插入柱形图或条形图】→【簇状柱形图】命令，插入一个柱形图。

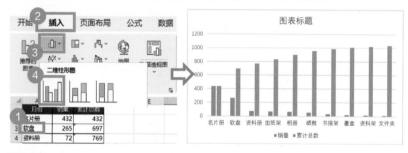

2 选择图表，在【图表设计】选项卡的功能区中单击【更改图表类型】图标。

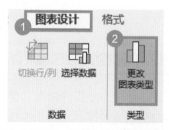

3 在【更改图表类型】对话框中单击【组合图】，将"销量"系列的图表类型设置为【簇状柱形图】，将"累计总数"系列的图表类型设

置为【折线图】，单击【确定】按钮。

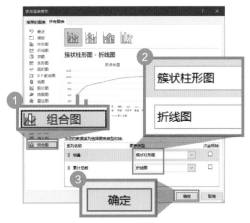

4 选择折线图，在【格式】选项卡的功能区中，设置【形状轮廓】为橙色，让柱形图和折线图的颜色差异更明显，图表也变得更好看一些。

在一个图表中同时使用柱形图和折线图的效果如下图所示。

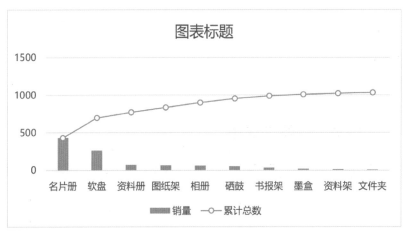

7.2 图表编辑

本节内容主要涉及图表编辑过程中的常见问题。从细节入手，让图表变得更专业、更美观。

01 柱形图的数据标签，怎样显示为完成率？

年底了，我们要总结今年各月的销售情况，复盘每月目标的完成率。如果使用下图所示的百分比形式来体现完成率，是不是会让老板眼前一亮呢？

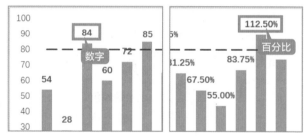

这个效果做起来其实并不难，使用 Excel 的组合图功能就可以轻松实现，具体操作步骤如下。

1. 设置目标线条

1 选择数据区域中的任意一个单元格，在【插入】选项卡的功能区中单击【插入柱形图或条形图】图标→【簇状柱形图】，插入一个柱形图。

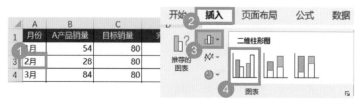

2 单击图表，在【图表设计】选项卡的功能区中单击【更改图表类型】图标。

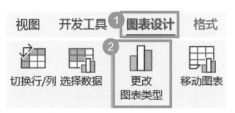

3 弹出【更改图表类型】对话框，单击【所有图表】选项卡，然后单击【组合图】。将【A产品销量】的图表类型修改为【簇状柱形图】，将【目标销量】的图表类型修改为【折线图】。单击【确定】按钮完成图表编辑。

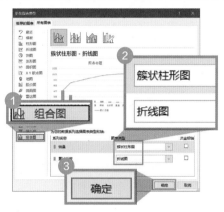

4 单击图表中的折线图，在【格式】选项卡的功能区中，设置【形状轮廓】的颜色为深红色，粗细为【1.5磅】，虚线类型为长划线。

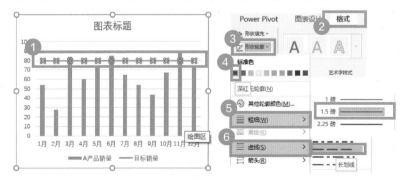

　　这样数据中的"目标销量"就变成了一条目标线，每个月是否达成目标一目了然。

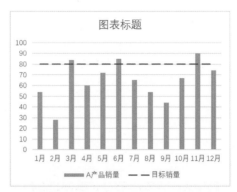

为了一眼就能看到每个月的完成比例，接下来我们再给柱形图添加"完成率"数据标签。

2. 添加数据标签

1 在 D1 单元格中输入"完成率"。在 D2 单元格中输入公式计算完成率，将鼠标指针放在单元格右下角，指针变成黑色加号形状时，双击鼠标完成公式填充。

2 选中图表，单击图表右侧的加号按钮，选择【数据标签】选项，单击【数据标签】右侧的小三角符号，选择【更多选项】。

3 在右侧的属性面板中选择【单元格中的值】选项，在弹出的【数据标签区域】对话框中设置【选择数据标签区域】为选择刚刚添加的"完成率"D2:D16，单击【确定】按钮。

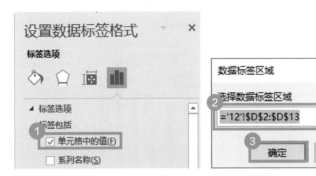

设置完成后再来看这个图表，产品销量和目标销量对比明显，数据也非常清晰，绝对让领导眼前一亮！

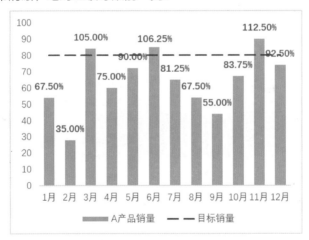

02 数据标签的位置想要放在柱形外面，怎么做？

在图表中，通过坐标轴可以估计柱形图或者折线图中各数据系列的数值，但是和为图表添加数据标签比起来，显然后者在阅读的时候更方便。

在图表中添加数据标签的操作方法前面已经介绍过了，数据标签添加好之后，如果位置不理想，修改起来也很方便。

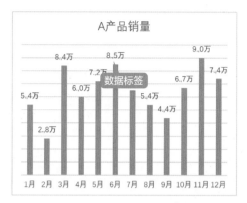

1 在数据标签上单击鼠标右键，选择【设置数据标签格式】命令。

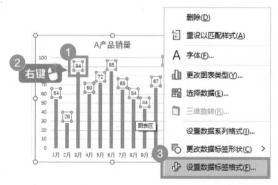

2 在右侧的属性面板中找到【标签位置】选项，选择对应的位置选项，如选择【轴内侧】选项。

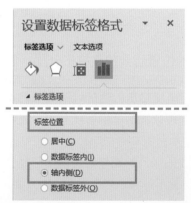

效果如下图所示。

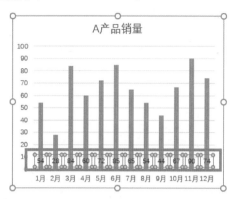

这里只是用柱形图举例，其他图表，如折线图、条形图也是相同的设置方法。

03 坐标轴文字太多，如何调整文字方向？

用柱形图表示不同产品的销量时，因为产品名称太长，导致横坐标放不下这么多文字，产品名称是倾斜显示的，这时应该如何调整呢？

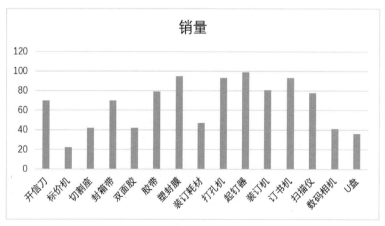

通过设置坐标轴的文字方向，可以解决这个问题，具体操作如下。

1 选择坐标轴，单击鼠标右键，选择【设置坐标轴格式】命令。

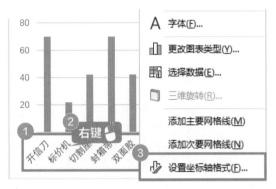

2 在右侧的属性面板中单击【文本选项】→【文本选项】图标，将【文本框】选项中的【文字方向】设置为【横排】→【堆积】。

这时横坐标轴中的文字就从斜排显示变成了竖排显示。

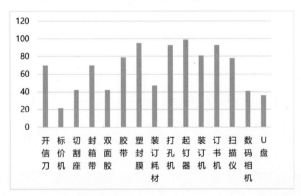

04 图表中的坐标轴顺序，为何是反的？

用条形图表示 A 产品一年的销量变化，制作条形图之后纵坐标中的月份排列顺序和数据表中的是相反的。

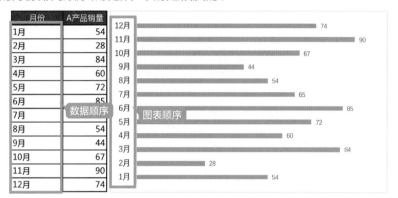

月份	A产品销量
1月	54
2月	28
3月	84
4月	60
5月	72
6月	85
7月	
8月	54
9月	44
10月	67
11月	90
12月	74

如何设置可以让图表中的纵坐标轴顺序和数据表中的顺序一致呢？按照下面的操作步骤，动动鼠标就可以搞定。

1 选择坐标轴，单击鼠标右键，选择【设置坐标轴格式】命令。

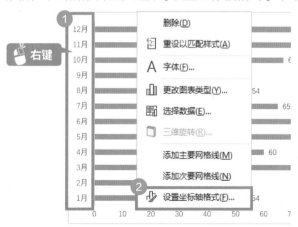

2 在属性面板中单击【坐标轴选项】图标，选择【逆序类别】选项即可。

3 选中上方的横坐标轴，按 Delete 键删除。

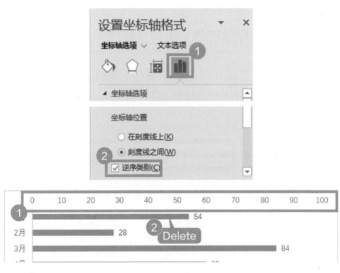

一个简单干净的条形图就制作好了。

05 两类数据差异很大，怎么调整图表样式？

表格中一列是"A产品销量"，另一列是"完成率"，创建柱形图之后，只能看到"A产品销量"对应的柱形，看不到"完成率"对应的柱形，是什么原因？

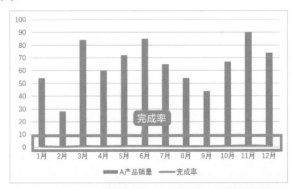

"完成率"的图表其实是有的，只不过完成率都是小于或等于1

的数字，和"A 产品销量"对比是一个非常小的数字，所以对应的柱形也非常细，在图上不显著。

　　使用 Excel 中的次坐标轴功能，可以很好地解决图表中数据差异很大的问题，具体操作如下。

1 选择表格中的数据，在【插入】选项卡的功能区中单击【插入柱形图或条形图】图标→【簇状柱形图】。

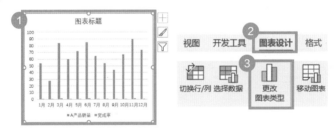

2 选择图表，在【图表设计】选项卡的功能区中单击【更改图表类型】图标。

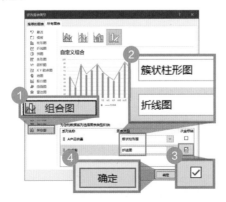

3 弹出【更改图表类型】对话框，单击【组合图】，将【完成率】系列的图表类型设置为【折线图】，并选择右侧的【次坐标轴】复选框，单击【确定】按钮。

　　这时再来看图表，"A产品销量"对应的柱形，和"完成率"对应的折线图就非常"融洽"地显示在一张图表中了。

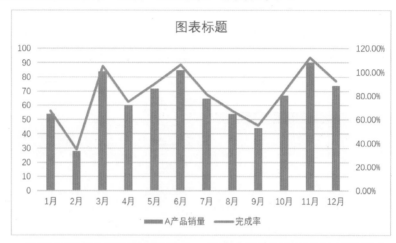

　　次坐标轴和主坐标轴相互独立，即便主坐标轴是几百上千的数字，次坐标轴依然可以正常地显示 0% ~ 100% 的比例。

和秋叶一起学 秒懂 Excel

▶ 第 8 章 ◀
函数公式计算

　　函数公式是 Excel 中的"语言",想要和 Excel"无障碍"地交流,就必须要懂得 Excel 的"语言"。

　　统计每月的销量要用函数公式,从文本中提取数字要用函数公式,判断工作完成率要用函数公式,根据 ID 查询产品详情也要用函数公式。

　　本章将通过讲解统计函数、逻辑函数、文本函数 3 种类型,介绍实际工作中常见的函数公式用法。

扫码回复关键词"秒懂 Excel",下载配套操作视频。

8.1 统计函数

数据统计最常见的应用就是求和、计数，本节的内容涉及 SUM 函数、SUMIF 函数、COUNTIF 函数在工作中的实用统计方法。

01 表格中很多小计行，如何对数据一键求和？

我们在做月底结算的时候经常为计算总量头疼，手动计算不仅工程量大，还不能保证准确率。就如下图所示的表格，如何快速计算出总额呢？

	商品	1月	2月	3月	总额
2	椰汁月饼王	711	392	614	
3	豆沙月	849	142	875	
4	豆蓉月	943	293	123	
5	凤梨精品月	390	563	868	
6	凤梨月	786	373	342	
7	贡品月	534	813	544	
8	果仁芋蓉月	359	388	849	
9	欢乐儿童月	244	264	341	
10	黄金PIZZA月	780	157	103	
11	总额				

Excel 中有两种"一键求和"的方法，使用起来非常简单高效。

1. 快速求和

Excel 中使用快捷键 Alt+= 可以实现快速求和，具体操作如下。

■ 选择 B2:E11 单元格区域，按快捷键 Alt+=，在"总额"对应的单元格中自动填写 SUM 函数。

商品	1月	2月	3月	总额
椰汁月饼王	711	392	614	
豆沙月	849	142	875	
豆蓉月	Alt+=	293	123	
凤梨精品月	390	563	868	
凤梨月	786	373	342	
贡品月	534	813	544	
果仁芋蓉月	359	388	849	
欢乐儿童月	244	264	341	
黄金PIZZA月	780	157	103	
总额				

商品	1月	2月	3月	总额
椰汁月饼王	711	392	614	1717
豆沙月	849	142	875	1866
豆蓉月	943	293	123	1359
凤梨精品月	390	563	868	1821
凤梨月	786	373	342	1501
贡品月	534	813	544	1891
果仁芋蓉月	359	388	849	1596
欢乐儿童月	244	264	341	849
黄金PIZZA月	780	157	103	1040
总额	5596	3385	4659	13640

2. 定位求和

Alt+= 非常好用，但是它只能快速地求一列或一行连续数据的和，当求和区域是不连续时，Alt+= 就不好用了。

比如下图所示的表格中，要计算每个季度的总额和每个月的总额，如何"一键求和"？

商品	豆沙月	豆蓉月	凤梨精品月	凤梨月	总额
1月	849	943	390	786	
2月	142	293	563	373	
3月	875	123	868	342	
第一季度总额					
4月	522	526	662	633	
5月	654	193	525	376	
6月	308	851	712	527	
第二季度总额					

使用"定位求和"方法实现起来非常容易，具体操作如下。

1 选择 B16:J23 单元格区域，按快捷键 Ctrl+G，打开【定位】对话框。

	B	C	D	E	F	G	H	I	J
	商品	豆沙月	豆蓉月	凤梨精品月	凤梨月	贡品月	果仁芝蓉月	欢乐儿童月	总额
16	1月	849	943	390	786	534	359	244	
17	2月	142	293	563	373	813	388	264	
18	3月		123	868	342	544	849	341	
19	第一季度总额								
20	4月	522	526	662	633	194	567	590	
21	5月	654	193	525	376	394	687	707	
22	6月	308	851	712	527	299	753	143	
23	第二季度总和								

Ctrl+G

2 单击【定位条件】按钮，在【定位条件】对话框中选择【空值】选项，单击【确定】按钮，把所有小计行的空白单元格批量选中。

3 按快捷键 Alt+=，即可完成每个"小计"行的自动求和。

商品	豆沙月	豆蓉月	凤梨精品月	凤梨月	总额
1月	849	943	390	7	2968
2月	142	Alt+=	563	373	1371
3月	875	123	868	342	2208
第一季度总额	1866	1359	1821	1501	6547
4月	522	526	662	633	2343
5月	654	193	525	376	1748
6月	308	851	712	527	2398
第二季度总额	1484	1570	1899	1536	6489

学会了快速求和，下次做月底结算再也不头疼了！

02 为什么明明有数值，SUM 函数求和结果却是 0？

在利用 SUM 函数求和时，有时候会遇到明明有数值，但 SUM 函数求和结果却是 0 的情况。

如下图所示，B ~ D 列都有数据，但是 E 列的 SUM 公式求和结果却全部都是 0，这是怎么回事呢？

E2		× ✓	fx	=SUM(B2:D2)	
▲	A	B	C	D	E
1	商品	1月	2月	3月	总额
2	椰汁月饼王	711	392	614	0
3	豆沙月	849	142	875	0
4	豆蓉月	943	293	123	0

我们仔细观察表格中的数据，在每个数据前面都有一个绿色的小三角形。

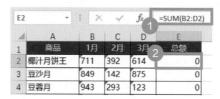

商品	1月	2月	3月	总额
椰汁月饼王	711	392	614	0
豆沙月			875	0
豆蓉月	390		123	0
凤梨精			868	0
凤梨月			342	0
贡品月	786		544	0
果仁芋			849	0
欢乐儿			341	0
黄金PIZZA月	780	157	103	0
总额	0	0	0	0

这些绿色小三角形是在告诉我们，单元格中的数据是文本格式而不是数值格式。而 SUM 函数只能对数值进行计算，所以我们要先把文本格式转换为数值格式再进行求和。具体的转换操作如下。

■ 选择 B2:D10 单元格区域，单击单元格左上角出现的感叹号形状的按钮，单击【转换为数字】命令，即可把文本格式批量转换成数值格式。

1	商品	1月	2月	3月	总额
2	椰汁月饼	！▾ 711	392	614	0
	以文本形式存储的数字		142	875	0
			293	123	0
	转换为数字(C)		563	868	0
	有关此错误的帮助		373	342	0
	忽略错误		813	544	0
	在编辑栏中编辑(F)		388	849	0
	错误检查选项(O)...		264	341	0
10	黄金PIZZA月	780	157	103	0
11	总额	0	0	0	0

格式转换完成之后，总额就自动计算出来了！

商品	1月	2月	3月	总额
椰汁月饼王	711	392	614	1717
豆沙月	849	142	875	1866
豆蓉月	943	293	123	1359
凤梨精品月	390	563	868	1821
凤梨月	786			1501
贡品月	534	813	544	1891
果仁芋蓉月	359	388	849	1596
欢乐儿童月	244	264	341	849
黄金PIZZA月	780	157	103	1040
总额	5596	3385	4659	13640

SUM 求和结果正确

03 统计每个部门的奖金，如何用 SUMIF 函数计算?

月底要算奖金了，财务统计出的奖金明细如下图所示，老板要求计算各个部门的奖金总额，应该如何操作呢?

	A	B	C	D	E	F	G
1	名字	部门	性别	奖金		部门	总奖金
2	程春娇	总务部	女	191		总务部	423
3	冯晓筠	销售部	女	144		销售部	601
4	吕初彤	企划部	女	170		企划部	493
5	马凌春	财务部	男	216		财务部	860
6	沈谷翠	研发部	女			开发部	270
7	孙建同	广告部	男	135		广告部	565
8	孙诗蕾	总务部	女	232		秘书室	216
9	汪景行	秘书室	男	216			
10	王清润	销售部	男	152			
11	夏若南	研发部	男	76			
12	萧涵煦	财务部	男	208			

原始数据　　部门奖金

根据"部门"的名称，计算"奖金"总额，这是一个根据某个条件求和的需求，我们可以用 SUMIF 函数来实现。具体操作步骤如下。

1 在 G2 单元格输入如下公式，按 Enter 键。

=SUMIF($B$2:$B$20,F2,$D$2:$D$20)

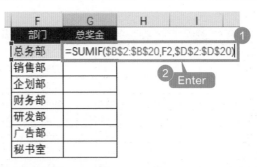

2 将鼠标指针放在单元格右下角，指针变成黑色加号形状时，双击鼠标右键填充公式即可。

公式的原理并不复杂。

● B2:B20 是"部门"区域，在这个区域中查找等于 F2"总务部"的记录。

● 找到之后，把这些行对应在 D2:D20 区域的"奖金"进行求和。

这就是 SUMIF 的原理，再看一下 SUMIF 函数的参数结构，加深理解。

	A	B	C	D	E	F	G
1	名字	部门	性别	奖金		部门	总奖金
2	程春娇	总务部	女	191		总务部	423
3	冯晓筠	销售部	女	144		销售部	601
4	吕初彤	企划部	女	170		企划部	双击填充
5	马凌春	财务部	男	216		财务部	860
6	沈谷翠	研发部	女	194		研发部	270
7	孙建同	广告部	男	135		广告部	565
8	孙诗蕾	总务部	女	232		秘书室	216
9	汪景行	秘书室	男	216			
10	王清润	销售部	男	152			

SUMIF 函数用来对数据区域中符合条件的值进行求和。

SUMIF(range, criteria, sum_range)	
range	要判断的条件区域
criteria	条件判断的标准
sum_range	需要求和的单元格区域

　　在使用 SUMIF 函数时，关键是梳理清楚要判断的条件区域和要求和的数值区域。你学会了吗？

04　计算入库超过 90 天的库存总和，怎么写公式？

　　仓库中的商品都会按照入库时间定期清点，下图所示的表格中，有些商品已经入库超过 90 天，如何计算超 90 天的库存总和呢？

	A	B	C	D	E	F
1	商品	入库日期	库存天数	库存量		库存超过90天的总量
2	椰汁月饼王	2021/2/19	17	711		5764
3	豆沙月	2021/2/8	28	849		库存超 90 天的总和
4	豆蓉月	2020/11/12	116	549		
5	凤梨精品月	2021/2/2	34	390		
6	凤梨月	2020/10/5	154	786		

其实这个需求并不难，梳理一下思路：在"库存天数"列中找出大于 90 的记录，然后把对应的库存量求和。

使用 SUMIF 可以轻松搞定，具体操作如下。

■ 在 F2 单元格中输入 SUMIF 公式，按 Enter 键即可。

`=SUMIF($C$2:$C$19,">90",$D$2:$D$19)`

F2			fx	=SUMIF($C$2:$C$19,">90",$D$2:$D$19)	

	A	B	C	D	E	F
1	商品	入库日期	库存天数	库存量		库存超过90天的总量
2	椰汁月饼王	2021/2/19	17	711		5764
3	豆沙月	2021/2/8	28	849		
4	豆蓉月	2020/11/12	116	943		

最终得到超过 90 天的库存总量为 5764。

库存超过90天的总量
5764

备注：统计日期2021/3/8

公式原理如下。

● 单元格 C2:C19 对应"库存天数"区域，在这个区域中找出 >90 的记录。

● 注意 >90 在公式中，需要用英文的双引号括起来 ">90"，表示判断的条件。如果判断条件是大于等于 90，正确的写法是 ">=90"，而不是 " ≥ 90"。

● 把找到的数据对应的"库存量"D2:D19 的值进行求和即可。

05 多个工作表数据汇总求和，怎么做？

公司的每月销售统计表，其中每个月的数据被分别放在了不同的工作表中，想要对所有数据汇总，该怎么操作呢？

如何直接跨工作表快速求和呢？

按照下面的步骤操作，使用 SUM 函数就能实现。

1 选择汇总表中的 B2 单元格，输入 SUM 公式，按 Enter 键。

=SUM('1 月 :4 月 '!B2)

2 将鼠标指针放在 B2 单元格右下角，指针变成黑色加号形状时双击鼠标，公式自动向下填充，快速汇总。

SUM 函数不难，关键在于求和区域的引用，主要有下面几点。

● B2是求和单元格，同时每个工作表中数据的结构和字段顺序，都要一致。

● '1 月 :4 月 ' 是求和的工作表，是指把 1 月 ~ 4 月所有的数据都一起求和。

● 感叹号（！）连接工作表和区域引用，是指把 1 月 ~ 4 月所有工作表的 B2 单元格求和计算。

明白了原理之后，再来看公式就比较容易理解了，对吗？

最后一个小窍门，公式中的引用"1 月 :4 月 '!B2"，不需要手动输入，输入"=SUM("后，单击第一个工作表标签"1 月"，按住 Shift 键单击最后一个工作表标签"4 月"，再单击 B2 单元格，输入右括号，就可得到公式：

=SUM('1 月 :4 月 '!B2)

06 要统计不及格的人数，怎么用 COUNTIF 函数实现？

下图所示的是一份考试成绩表格，老师要统计班上有多少位同学不及格，如何快速实现呢？

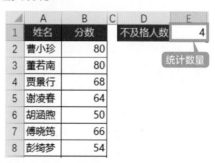

我们可以利用 COUNTIF 函数来实现，具体操作如下。

■ 在 E1 单元格中输入如下公式，按 Enter 键。

=COUNTIF(B2:B19,"<60")

公式的原理并不复杂。

● 在 B2:B19 区域中查找符合条件（<60）的单元格。

● 找到之后，返回符合条件的单元格个数。

查看一下函数的参数结构，可以加深理解。

COUNTIF 函数用来统计满足某个条件的单元格的数量。

COUNTIF(range,criteria)	
range	要在哪些区域查找
criteria	要查找的条件是什么？例如，条件可以表示为 32、"32"、">32" 或 "apples"

第 2 个参数可以根据需求，改成其他需要的判断条件。

8.2 逻辑函数

逻辑函数可以根据指定的条件来判断结果是否符合，从而返回相应的内容。本节主要涉及 IF 函数、AND 函数在逻辑判断中的实际应用。

01 根据成绩自动标注"及格"或"不及格"，怎么用IF函数实现？

表格中经常会需要根据数值的大小，返回不同的结果，如下图所示：成绩≥60分显示为及格，<60分显示为不及格，这样可以把成绩分成两个类别。

	A	B	C	D	E	F
1	序号	姓名	成绩	是否及格		
2	1	李香薇	98	及格	及格备注	
3	2	魏优优	41	不及格		
4	3	钱玉晶	84	及格		
5	4	华宛海	51	不及格	不及格备注	
6	5	冯显	43	不及格		
7	6	戚太红	96	及格		
8	7	杨飘	91	及格		
9	8	严旭	48	不及格		
10	9	钱雪	61	及格		
11	10	谭高彭	87	及格		

这个过程叫作"条件判断"，可以使用IF函数来完成，具体操作如下。

1 选择D2单元格，输入如下公式，按Enter键。

=IF(C2<60," 不及格 "," 及格 ")

2 将鼠标指针放在D2单元格右下角，指针变成黑色加号形状时双击鼠标左键，完成批量填充。

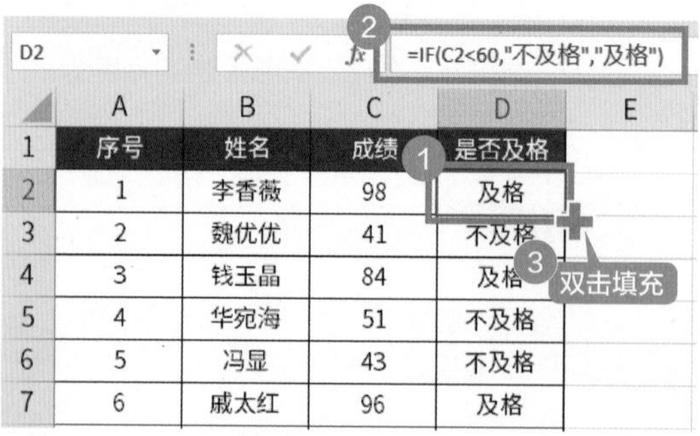

D2			fx	=IF(C2<60,"不及格","及格")	
	A	B	C	D	E
1	序号	姓名	成绩	是否及格	
2	1	李香薇	98	及格	
3	2	魏优优	41	不及格	
4	3	钱玉晶	84	及格	双击填充
5	4	华宛海	51	不及格	
6	5	冯显	43	不及格	
7	6	戚太红	96	及格	

IF 函数的逻辑判断如下。

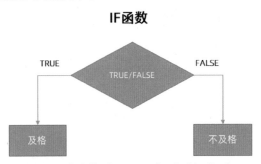

IF函数

判断指定的条件是"真"（TRUE）或"假"（FALSE），根据逻辑计算的真假值，返回相应的内容。

公式含义：

● 如果 C2 的数值 <60，返回"不及格"。

● 否则即 C2 的数值 ≥ 60，则返回"及格"。

IF 函数可以根据判断的逻辑条件，返回对应的结果。

IF(logical,[value_true],[value_false])	
logical	用来判断的逻辑条件
value_true	如果符合条件，要返回的值
value_false	如果不符合条件，要返回的值

注意

value_true 和 value_false 中的"及格""不及格"是文本，需要用英文状态下的引号"包裹"起来。

02 完成率超过 100% 且排名前 10 名就奖励，怎么用公式表示？

公司考核 KPI，规定给完成率超过 100%，而且排名在前 10 名的同事发放奖励。如何使用公式，直接在表格中把符合条件的记录标记出来？

	A	B	C	D
1	销量	完成率	排名	**是否奖励**
2	27	173%	5	奖励
3	67	76%	1	
4	63	97%	7	
5	46	176%	20	
6	29	36%	13	

需要用到 IF 和 AND 函数进行嵌套，具体操作如下。

1 选择 D2 单元格，输入如下公式，按 Enter 键。

```
=IF(AND(B2>1,C2<=10)," 奖励 ","")
```

2 将鼠标指针放在 D2 单元格右下角，待指针变成黑色加号形状时，双击鼠标左键即可向下填充。

D2	▾	⋮	✕ ✓	fx	=IF(AND(B2>1,C2<=10),"奖励","")

	A	B	C	D
1	销量	完成率	排名	**是否奖励**
2	27	173%	5	奖励
3	67	76%	1	
4	63	97%	7	
5	46	176%	20	
6	29	36%	13	

双击填充

本例中公式的思路主要包含两个部分。

1. 解决两个条件同时满足的问题

AND 函数用来解决公式中多个条件同时满足的需求。

在案例中对应的公式：

```
=AND(B2>1,C2<=10)
```

其中：

● B2>1 来判断完成率是否 >100%；

● C2<=10 判断名次是否位于前 10 名。

AND 函数用来判断多个条件是否同时满足，只有同时满足才会返回 TRUE，否则就返回 FALSE。

AND 函数用来判断参数中的多个条件是否同时满足。

AND(logical,logical2...)	
logical1	要判断的第 1 个逻辑条件
logical2	要判断的第 2 个逻辑条件

2. 根据判断结果返回不同的内容

IF 函数会根据不同的条件返回不同的数据。IF 函数的参数介绍见上一个知识点。

在案例中，使用 AND 函数判断完"完成率"和"名次"之后，使用 IF 函数根据判断的结果，返回不同的内容。对应的公式：

```
=IF(AND(B2>1,C2<=10)," 奖励 ","")
```

AND 函数部分是上一步的计算结果，如果判断结果为 TRUE，则返回"奖励"，否则返回用两个双引号" "表示的空白文本。

所以，只有同时满足完成率 >100%，而且名次 <=10 时，才会返回"奖励"。

8.3 文本函数

文本函数在 Excel 中的使用频率非常高，提取数据、合并文本、转换日期格式等，都要用到文本函数。

本节将通过多个常见的文本问题，实战讲解文本函数在工作中的使用技巧。

01 单元格中包含数字和文本，如何提取数字内容？

表格中经常出现文本和数字混合在一起情况，导致数字没法快速求和。这时候我们需要将数字提取出来，根据不同情况可以使用不同的方式。

1. 数字在左边——LEFT 函数

当数字在单元格最左侧时，只需要根据数字的长度，提取左侧的数字就可以了。

	A	B
1	提取文本左侧数值	数值
2	100元 *提取数字*	100
3	200公斤	200
4	300摄氏度	300

1 选择 B2 单元格，输入如下公式，按 Enter 键。

`=LEFT(A2,3)`

2 将鼠标指针放在 B2 单元格的右下角，指针变成黑色加号形状时，双击鼠标左键即可向下填充，即可批量提取。

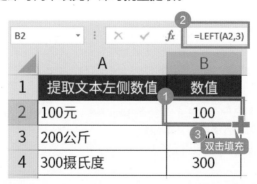

LEFT 函数用于从文本字符串的第一个字符开始返回指定个数的字符。

LEFT(text, [num_chars])	
text	包含要提取的字符的文本字符串
num_chars	指定要由 LEFT 提取的字符的数量。必须大于 0

案例中的数字都在左边，而且长度都是 3 个字符，所以刚好可以使用 LEFT 函数提取出来。

2. 数字在右边——RIGHT 函数

当单元格中的数字在右侧，文本内容在左侧时，同样的方法，根据数字长度，提取右侧字符即可。

对应的公式如下：

=RIGHT(A2,4)

RIGHT 函数用来从文本右侧提取指定数量的字符。

RIGHT(text, [num_chars])	
text	包含要提取的字符的文本字符串
num_chars	指定希望 RIGHT 提取的字符数。必须大于 0

案例中的数字都在右侧，而且数量都是 4 个字符，所以刚好可以使用 RIGHT 函数批量提取。

3. 数字在中间——MID 函数

当数字在文本中间时，处理起来要麻烦一些，需要根据数字的位置，以及数字的长度提取字符。

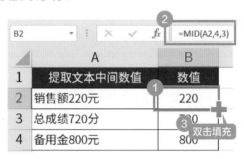

对应的公式如下：

=MID(A2,4,3)

MID 函数的作用是在文本指定位置开始，提取指定数量的字符。

MID(text, start_num, num_chars)	
text	包含要提取字符的文本字符串
start_num	要提取字符在文本中的起始位置
num_chars	从文本中提取的字符个数

案例中的数字，都是从第 4 个字符开始的，而且长度都是 3 个字符，所以刚好可以使用 MID 函数来提取。

02 括号中的内容，如何用 MID 和 FIND 函数提取出来？

表格中用括号备注了一些数据，现在想快速提取括号中的内容，比如下图所示中括号内的内容。

	A	B
1	混合文本	MID提取内容
2	现在温度是（-8℃）	-8℃
3	今年取得（8）份获奖证书	8
4	本月销售（315）件商品	315

可以利用 MID 和 FIND 函数来实现，具体操作如下。

1 选择 B2 单元格，输入如下公式，按 Enter 键。

=MID(A2,FIND(" （",A2)+1,FIND(" ）",A2)-FIND(" （",A2)-1)

2 将鼠标指针放在 B2 单元格右下角，指针变成黑色加号形状时，双击鼠标左键向下填充即可。

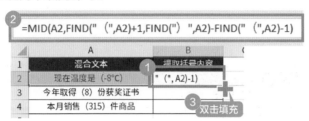

本例中公式比较长，理解思路是关键。整个公式可以分成 3 个部分：

● 从文本中间提取字符；

● 计算提取字符的"开始位置"；

● 计算提取字符的"长度"。

1. 从文本中间提取字符

要提取的字符都在文本的中间位置，所以要使用 MID 函数来提取。

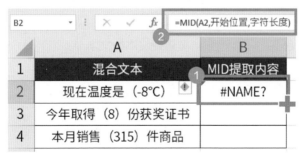

公式如下：

=MID(A2, 开始位置 , 字符长度)

MID 函数用来从"开始位置"提取指定"字符长度"的字符。

但是 Excel 把"开始位置"和"字符长度"当作无效的名称，所以公式结果显示是错误的 #NAME?。

2. 计算提取字符的"开始位置"

要提取的内容很规律，都是从"左括号"右边的字符开始的，所以可以使用 FIND 函数，查找左括号的位置，再 +1 得出内容的"开始位置"。

C2	fx	=FIND("（",A2)+1	
	A	B	C
1	混合文本	MID提取内容	开始位置
2	现在温度是（-8℃）	#NAME?	7
3	今年取得（8）份获奖证书		
4	本月销售（315）件商品		

公式如下：

=FIND("（",A2)+1

FIND 函数用来查找某个文本的位置。

FIND(find_text, within_text, [start_num])	
find_text	要查找的文本
within_text	包含要查找文本的文本
start_num	指定开始进行查找的起始位置。如果省略 start_num，则假定其值为 1

所以上面公式的作用，是在 A2 单元格中，查找"（"的位置，找到之后 +1，得出左括号右侧第 1 个字符位置。

3. 计算提取字符的长度

提取内容长度不固定，确定的是都在左括号和右括号中间，所以可以用"右括号"的位置数值，减去左括号位置数值计算得出。

	A	B	C	D
		fx	=FIND(") ",A2)-FIND("（",A2)-1	
	混合文本	MID提取内容	开始位置	字符长度
1				
2	现在温度是（-8°C）	#NAME?	7	3
3	今年取得（8）份获奖证书			1
4	本月销售（315）件商品			3

公式如下：

=FIND(") ",A2)-FIND("（",A2)-1

公式中，先用 FIND(") ",A2)，找出右括号位置，再减去左括号的位置 FIND("（",A2)，计算结果再 -1，把右括号再排除掉。

最后，在把"开始位置"和"字符长度"代入第 1 步的 MID 函数中，括号内容就提取出来了！

=MID(A2,FIND("（",A2)+1,FIND(") ",A2)-FIND("（",A2)-1)

03 有了身份证号码，如何提取生日、计算年龄？

在 18 位的身份证号码中，包含了生日、年龄等信息，如何把这些信息提取出来呢？

	A	B	C
1	身份证号	出生日期	年龄
2	32088819960910****	1996-09-10	24
3	32088820031003****	2003-10-03	17
4	32088819980522****	1998-05-22	22

1. 提取生日

在 18 位的身份证号码中，第 7 位到第 14 位，这 8 位数字代表了出生日期。

在这里，可以用 MID 和 TEXT 两个函数来提取出生日期。

1 选择 B2 单元格，输入如下公式，按 Enter 键。

=TEXT(MID(A2,7,8),"0000-00-00")

2 将公式向下填充。

本例公式的原理并不复杂，分为两个部分：

● 提取生日信息；

● 生日信息转日期格式。

步骤 1：提取生日信息。

生日信息在身份证号码的中间位置，所以使用 MID 函数提取。

公式如下：

=MID(A2,7,8)

　　在本例中身份证号码所在的位置是 A2 单元格，身份证号码中包含的出生日期从第 7 位开始，需要取 8 位。

步骤 2：生日信息转日期格式。

　　日期 19960910 是一个数字格式，无法进行日期的计算，所以需要用 TEXT 函数进行格式的转换。

C2	▼	⋮	✕	✓	*fx* ②	=TEXT(B2,"0000-00-00")

	A	B	C
1	身份证号	出生日期	格式转换
2	32088819960910****	19960910	1996-09-10
3	32088820031003****	20031003	2003-10-03
4	32088819980522****	19980522	1998-05-22

公式如下：

`=TEXT(B2,"0000-00-00")`

TEXT 函数可通过格式代码使数字应用格式，进而更改数字的显示格式。

TEXT(value, format_text)	
value	要修改显示格式的文本
format_text	用来修改文本显示格式的格式代码

现在要把 B2 单元格中的 8 位数字转换成日期格式，因此第 2 个参数设置为"0000-00-00"。意思是把 8 位数字分成三部分，并用"-"连接，变成日期格式。

最后把两个公式组合在一起，就得到了提取生日的公式。

`=TEXT(MID(A2,7,8),"0000-00-00")`

2. 计算年龄

如果我们需要继续计算年龄，那么就可以用刚才提取的出生日期，通过 TODAY 和 DATEDIF 函数实现，具体操作如下。

■ 选择 C2 单元格，输入如下公式，按 Enter 键。双击单元格右下角，填充公式即可。

`=DATEDIF(B2,TODAY(),"Y")`

公式的原理解读如下：

● 用 TODAY 函数获取当前日期；

● 用 DATEDIF 函数，计算出当前日期和出生日期之间的时间间隔。

本公式的难点在于 DATEDIF 函数，先来看一下函数的解析。

DATEDIF 函数可以计算两个日期相差的天数、月数或年数。

DATEDIF(start_date,end_date,unit)	
start_date	代表开始日期
end_date	代表结束日期
unit	要返回的信息类型，可以选择下面的选项之一。 Y：以"年"为单位的时间间隔 M：以"月"为单位的时间间隔 D：以"日"为单位的时间间隔 MD：忽略"月"和"年"后，以"日"为单位的时间间隔 YD：忽略"年"后，以"日"为单位的时间间隔 YM：忽略"年"后，以"月"为单位的时间间隔

在本例中，各个参数对应的含义解读如下。

● start_date：开始日期，即 B2 单元格中的出生日期。

● end_date：结束日期，使用 TODAY 函数计算出来的当前日期，这样 DATEDIF 函数才可以自动计算出此员工当前的年龄。

● unit：日期差的单位，因为年龄是年份之间的差，所以第 3 个参数使用了"Y"，计算以"年"为单位的间隔。

所以，案例中的公式是在计算 B2 单元格的日期和当前日期 TODAY() 之间相差的年数，这样"年龄"就被计算出来了。

和秋叶一起学
秒懂 Excel

▶ 第 9 章 ◀
日期时间计算

　　日期或时间格式的数据是表格中不可缺少的内容，如每个订单的产生时间、员工的入职日期、产品出入库的日期时间、上下班的考勤时间等。

　　本章通过工作中常见的日期时间统计需求，比如日期格式转换、工龄计算、时间差计算等，讲解 Excel 中计算日期时间的正确方法。

扫码回复关键词"秒懂 Excel"，下载配套操作视频。

9.1 日期格式转换

Excel 中的日期是有标准格式的，不正确的格式可能无法进行计算，或导致公式计算错误。本节从认识日期格式开始，带你学习日期格式转换的常见方法。

01 把"2019.05.06"改成"2019/5/6"格式，怎么做？

Excel 中正确的日期格式应使用"/"或"－"作为连接符。"2019.05.06"是一种很常用但不规范的日期格式，会影响后续的数据筛选、日期计算，所以需要将"2019.05.06"转换成"2019/5/6"。

	A	B
1	日期	转换后的日期
2	2019.05.06	2019/5/6
3	2019.06.07	2019/6/7
4	2019.07.08	2019/7/8
5	2019.04.09	2019/4/9
6	2019.06.10	2019/6/10

转换的方法非常简单，使用查找替换功能就可以快速转换成标准的日期格式，具体操作如下。

1 选择 A 列，即日期列。按快捷键 Ctrl+H，调出【查找和替换】对话框。

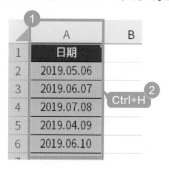

	A	B
1	日期	
2	2019.05.06	
3	2019.06.07	
4	2019.07.08	
5	2019.04.09	
6	2019.06.10	

2 在【查找内容】编辑框中输入"."（不含双引号），在【替换为】编辑框中输入"/"（不含双引号）。单击【全部替换】按钮，完成批量替换。

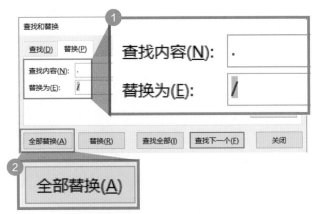

替换后的日期在筛选的时候，就可以根据年月日自动分组了。

02 把"2019/5/6"变成"2019.05.06"格式，怎么做？

工作中我们会习惯性地用"2019.05.06"的格式来表示日期那么如何将"2019/5/6"格式的日期快速转换成"2019.05.06"格式呢？

首先强调一下"2019.05.06"的日期格式是不规范的，在使用筛选功能时，这类日期格式无法按照年月日自动分组。

	A	B
1	日期	转换后的日期
2	2019/5/6	2019.05.06
3	2019/6/7	2019.06.07
4	2019/7/8	2019.07.08
5	2019/4/9	2019.04.09
6	2019/6/10	2019.06.10

所以下面的方法，并不是把单元格内容改成"2019.05.06"格式，而是把"2019/5/6"的日期显示成"2019.05.06"格式，具体操作如下。

1️⃣ 选择 A2:A6 单元格区域，按快捷键 Ctrl+1，弹出【设置单元格格式】对话框。

2️⃣ 在【数字】选项卡下方的【分类】中选择【自定义】选项，在【类型】编辑框中输入"yyyy.mm.dd"（不包含双引号），单击【确定】按钮，完成格式转换。

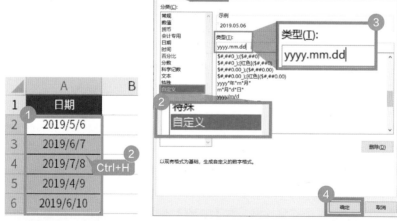

在本例中，利用单元格格式设置完成日期格式转换，yyyy.mm.dd格式中"yyyy"表示以 4 位数值形式显示年，"mm"表示月，"dd"表示日。

因为只是把样式显示成了"2019.05.06"的格式，所以在筛选的时候，依然可以自动按照年、月、日分组。

03 输入日期"1.10"，结果自动变成"1.1"，怎么办？

当日期为 1 月 10 日时，按照习惯在单元格中输入"1.10"，按 Enter 后却显示成了"1.1"，如何能够正确地输入"1.10"格式的日期？

	A
1	日期
2	1.1
3	1.2
4	1.3
5	11.1

在单元格中输入"1.10"，Excel 会将其默认为一个带有小数的数字，而小数部分最后面的 0 是没有意义的，所以会自动舍去，变成"1.1"。

解决这个问题的方法就是告诉 Excel 这个值是一个文本，而不是数字，具体操作如下。

■1 选择 A2:A5 单元格区域，在【开始】选项卡的功能区中将单元格的格式设置为"文本"。

■2 重新输入"1.10"就可以了。

设置文本格式后，"1.20""1.30"的格式也能正常显示了。

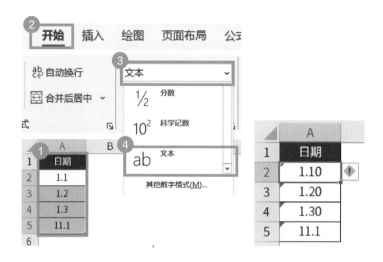

9.2 日期时间计算

把日期转换成正确的日期格式之后，接下来就可以借助 Excel 的函数公式来完成日期时间的计算了。本节会通过工龄、周别、时间差、日期推算等多个案例，讲解工作中常见的日期时间计算问题。

01 有了入职日期，怎么用公式计算工龄？

在工作中经常需要根据入职日期计算工龄，有时候我们需要精确到年，有时候需要保留小数位，具体该怎么计算呢？

	A	B	C	D	E
1	序号	姓名	入职日期	工龄(年)	工龄(年1位小数)
2	1	李香薇	2016/5/6	4	4.9
3	2	魏优优	2019/3/3	3	3.1
4	3	钱玉晶	2014/7/8	6	6.8
5	4	华宛海	2019/10/30	1	1.4
6	5	冯显	2020/2/1	1	1.2

　　这里可以利用 Excel 的隐藏函数 DATEDIF 来实现。DATEDIF 函数用来计算开始日期和结束日期之间的日期差；同时在第 3 个参数 unit 中，可以设置日期差的单位，比如相差的年数、相差的月数等。DATEDIF 函数的介绍可参见第 8 章。

　　明白了 DATEDIF 函数的用法之后，接下来看看不同精确度的工龄如何计算。

1. 工龄精确到年

1 选择 D2 单元格，输入如下公式，按 Enter 键。

```
=DATEDIF(C2,TODAY(),"y")
```

2 将鼠标指针放在单元格右下角，指针变成黑色加号形状时，双击鼠标左键向下填充公式。

D2	▼	⋮	×	✓	fx	=DATEDIF(C2,TODAY(),"y")

	A	B	C	D
1	序号	姓名	入职日期	工龄(年)
2	1	李香薇	2016/5/6	4
3	2	魏优优	2018/3/?	2
4	3	钱玉晶	2014/7/8	双击向下填充
5	4	华宛海	2019/10/30	1
6	5	冯显	2020/2/1	1

　　公式中 DATEDIF 计算的是 C2 单元格"入职日期"和 TODAY() 返回的当前日期之间的日期差。因为日期单位是"年"，所以第 3 个参数设置为"y"。

2. 工龄精确到年，保留 1 位小数

1 选择 D2 单元格，输入如下公式，按 Enter 键。

```
=DATEDIF(C2,TODAY(),"m")/12
```

2 向下填充公式。

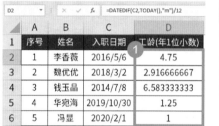

3 选择 D2:D6 单元格区域,在【开始】选项卡的功能区中单击几次【减少小数位】图标,保留 1 位小数即可。

公式中 DATEDIF 函数的第 3 个参数设置为 "m",计算出相差的月数。用"月数"除以 12,得出相差年数,然后设置小数位数即可。

02 有了上下班时间,如何计算出勤的时长?

在处理考勤表的时候,往往需要计算出勤工时,要计算两个时间之间相差几个小时。

	A	B	C	D
1	姓名	上班时间	下班时间	出勤工时(小时)
2	李香薇	2021/1/9 8:00	2021/1/10 17:30	33.5
3	魏优优	2021/1/10 9:30	2021/1/10 16:13	
4	钱玉晶	2021/1/10 8:10	2021/1/10 17:15	

出勤工时计算起来非常简单,用"下班时间"-"上班时间"即可,

但是需要一些时间单位的换算，来看看具体的操作。

1 选择 D2 单元格，输入如下公式，按 Enter 键。

`=(C2-B2)*24`

2 向下填充公式，即可批量计算。

	A	B	C	D
1	姓名	上班时间	下班时间	出勤工时（小时）
2	李香薇	2021/1/9 8:00	2021/1/10 17:30	33.5
3	魏优优	2021/1/10 9:30	2021/1/...3	6.7
4	钱玉晶	2021/1/10 8:10	2021/1/10 17:15	9.1

时间差

公式中 C2-B2 就是"下班时间"–"上班时间"，计算结果代表"天数"，将天数差乘以 24 即可得到对应的"小时数"。

03 要将日期和时间合并成一列，怎么写公式？

如果需要将单独的"日期"和"时间"合并至一个单元格，应该如何写公式呢？

	A	B	C
1	日期	时间	日期时间
2	2020/12/15	8:00:00	2020/12/15 8:00
3	2021/1/3	19:00:00	2021/1/3 19:00
4	2021/2/5	0:30:00	2021/2/5 0:30

日期时间合并

1 选择 C2 单元格，输入如下公式，按 Enter 键。

`=A2+B2`

2 选择 C2:C4 单元格区域，按快捷键 Ctrl+1，打开【设置单元格格式】对话框。

3 选择【数字】选项卡，在【分类】中单击【日期】，选择【2012/3/14 13:30】，单击【确定】按钮。

设置完成后，日期和时间就合并完成了。

| C2 | | ▼ | ⋮ | ✕ | ✓ | f_x | =A2+B2 |

	A	B	C
1	日期	时间	日期时间
2	2020/12/15	8:00	2020/12/15 8:00
3	2021/1/3	19:00	2021/1/3 19:00
4	2021/2/5	0:30	2021/2/5 0:30

注意

　　因为日期和时间本质上都是数字，日期是数字中的整数部分，时间是小数部分，所以直接相加就可以完成合并。

和秋叶一起学
秒懂 Excel

▶▶ 第 10 章 ◀◀
数据的查询与核对

　　说到函数公式，大部分人应该都会想到 VLOOKUP 函数，因为这个函数在 Excel 中的使用频率太高了！

　　VLOOKUP 是一个查询函数，主要用来查询和核对数据。因为 VLOOKUP 的参数非常多，每个参数又可以拓展多个用法，所以学习起来也有一定的难度。

　　其实 Excel 中的数据查询与核对的方法、技巧有很多，不一定全部用 VLOOKUP，可能只是一个快捷键或者一个命令就能完成查询需求。

　　本章从简单实用的功能、技巧讲起，再到 VLOOKUP 函数的基础知识和实战用法，带你学习 Excel 中查询、核对数据的方法。

扫码回复关键词"秒懂 Excel"，下载配套操作视频。

10.1 数据核对技巧

> 本节内容主要讲解几个简单好用的数据核对小技巧，掌握之后在核对数据时，按几下快捷键、单击按钮就可搞定。

01 找出两列数据的差异，怎么做更高效？

两列顺序相同的数据，想要快速找出差异的单元格，可以使用定位功能快速地实现。

在下图所示的销售业绩表中，"系统数据"列和"手工数据"列存在差异，需要快速地核对并找出两列中的差异值，并标记颜色，具体操作如下。

	销售地市	系统数据	手工数据
	北京	200000	200000
差异值		190000	191320
	广州	170000	170000
差异值		100000	103433
	杭州	150000	150000

1 选择 B3:C7 单元格区域。按快捷键 Ctrl+G，打开【定位】对话框，单击【定位条件】按钮，选择【行内容差异单元格】选项，单击【确定】按钮。

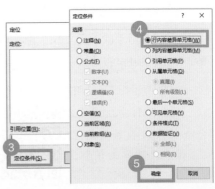

2 在【开始】选项卡的功能区中单击【填充颜色】图标，为单元格填充颜色。

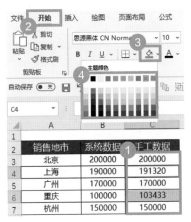

02 找出两个表格数据的差异，怎么做更高效？

报表做好之后通常需要发给领导审核，领导审核后做了调整又发了回来，这时候如何和原来的表格对比，找出两个表格差异的部分？

想要核对这种复杂的表格，可以借助条件格式功能，对每个单元格进行比较，具体操作如下。

1 选择 A1:K14 单元格区域，在【开始】选项卡的功能区中单击【条件格式】图标，选择【新建规则】命令。

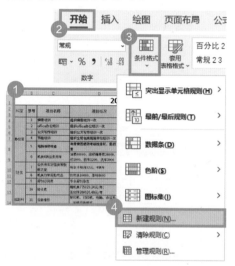

2 弹出【编辑格式规则】对话框，在【选择规则类型】列表框中选择【使用公式确定要设置格式的单元格】，在【为符合此公式的值设置格式】下方的编辑框中输入公式。单击【格式】按钮，打开【设置单元格格式】对话框。

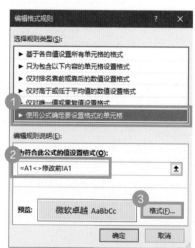

■ 单击【填充】选项卡，选择喜欢的颜色，单击【确定】按钮。

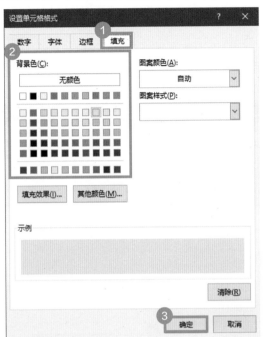

第 2 步中设置的公式如下：

=A1<> 修改前 !A1

公式中的"<>"表示不等于，将当前工作表和"修改前"表的 A1 单元格内容进行对比，如果不相等，则按照第 2 步的样式，突出标记单元格。

10.2 数据核对公式

小技巧可以解决简单的核对问题，对于复杂的查询核对需求，还是要借助"万金油"函数 VLOOKUP 来完成。本节将通过 4 个工作中常见的问题，深入讲解 VLOOKUP 的用法。

01 如何使用 VLOOKUP 函数查询数据？

会用 VLOOKUP 函数是职场必备的技能。本例中按照"姓名"查找员工"年龄"，并把结果填写到 H 列中，就可以用 VLOOKUP 来实现。

	A	B	C	D	E	F	G	H
1	工号	姓名	性别	出生日期	年龄		姓名	年龄
2	H001	黄姗姗	女	1981-01-26	38		吴天亮	20
3	H002	宋勇	男	1981-08-19	38		夏春秋	28
4	H003	吴天亮	男	1999-11-09	20			
5	H004	张健民	男	1996-01-09	23			
6	H005	陈婷	女	1966-04-19	53			
7	H006	夏春秋	女	1991-05-07	28			

1 选择 H2 单元格，输入如下公式，按 Enter 键。

=VLOOKUP(G2,B:E,4,0)

2 将鼠标指针放在单元格右下角，指针变成黑色加号形状时，双击鼠标左键填充公式即可。

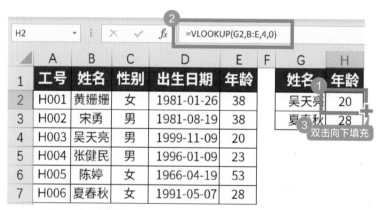

VLOOKUP 函数本身的结构并不复杂，难的是对每个参数的理解，下面是 VLOOKUP 函数的参数结构。

VLOOKUP 函数用于在指定的数据区域中查找符合条件的数据，并由此返回数据区域当前行中指定列处的数值。

VLOOKUP(lookup_value,table_array,col_index_num,range_lookup)	
lookup_value	要查找的值
table_array	查找的数据区域
col_index_num	查找到数据后，要返回当前行中右侧指定的列处的数值
range_lookup	精确匹配或近似匹配可以为 0/FALSE 或 1/TRUE

对比着前面的表格，来看参数更容易理解一些。

	A	B	C	D	E	F	G	H
1	工号	姓名	性别	出生日期	年龄		姓名	年龄
2	H001	黄姗姗	女	1981-01-26	38		吴天亮	20
3	H002	宋勇	男	1981-08-19	38		夏春秋	28
4	H003	吴天亮	男	1999-11-09	20			
5	H004	张健民	男	1996-01-09	23			
6	H005	陈婷	女	1966-04-19	53			
7	H006	夏春秋	女	1991-05-07	28			

VLOOKUP 函数的 4 个参数含义分别如下。

● lookup_value：要查找的值。也就是图中 ① 姓名，对应公式中 G2 单元格"吴天亮"。

● table_array：要查询的数据区域。也就是图中 ② 的数据区域，对应图中的 B:E 单元格区域。这个区域必须包含查找列"姓名"和返回列"年龄"。

● col_index_num：返回第几列的值。图中要返回的是"年龄"，在参数 2 数据区域 B:E 中，"姓名"是第 1 列，那么从左往右数"年龄"就是第 4 列，所以这个参数设置为 4。

● range_lookup：匹配方式，即怎么匹配。有精确匹配 FALSE/0 和模糊匹配 TRUE/1 两种匹配方式。通常情况下，使用 FALSE 或 0。

VLOOKUP 的每个参数都有一些易错的地方，需要再特别强调一下。

● 参数 1（查找值）和参数 2 中查找列的格式、实际内容必须一致，否则查询出错。

● 参数 2：查找区域。选择查找区域时，查找值要位于查找区域的第 1 列。在查找区域中，"返回列"必须在"查找列"的右侧。

● 参数 3：返回第几列值。返回列必须介于 1 和"查找区域"总列数之间。

02　名单中缺失的人名，如何快速找出来？

工作中经常遇到核对人员名单的场景。如下图所示，要核对表 2 中有哪些人员在表 1 没有统计。

此时用 VLOOKUP 函数来快速查找出来。具体操作如下。

■ 选择 D3 单元格，输入如下公式，按 Enter 键。双击向下填充公式。

`=VLOOKUP(C3,$A$3:$A$11,1,0)`

这时 D 列出现一些错误值 #N/A，对应的 C 列的名字就是我们要找的缺失的名字。

VLOOKUP 查找不到数据时，会返回错误值 #N/A，通过筛选 #N/A 就可以把缺失的姓名准确地找出来了。

03 两个数据顺序不一样的表格，如何快速核对？

核对表格数据时，非常让人头疼的情况就是两份报表中数据的顺序不一样。

比如本例中表 1 和表 2 中"销售地市"列中城市的排列顺序不一致，如何核对"销售额"的差异？

	A	B	C	D	E
1	表1			表2	
2	销售地市	销售额		销售地市	销售额
3	北京	200000		北京	200000
4	上海	190000		重庆	103433
5	广州	170000		杭州	150000
6	重庆	100000		广州	170000
7	杭州	150000		上海	191320

可以用 VLOOKUP 函数把两个表格"销售地市"列中城市的排列的顺序整理成一致的，然后再核对。

先整理数据顺序，在表 2 中添加一个辅助列，把表 1 中对应"销售地市"的数据匹配到辅助列中。具体操作如下。

1 选中 F3 单元格，输入如下公式，并向下填充公式。

=VLOOKUP(D3,$A$3:$B$7,2,0)

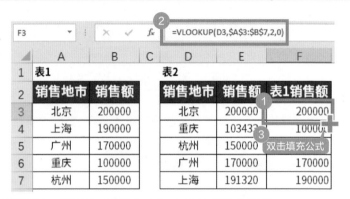

下面添加辅助列，计算表 1 和表 2 的销售额差异。

2 选择 G3 单元格，输入如下公式，向下填充公式。

=E3-F3

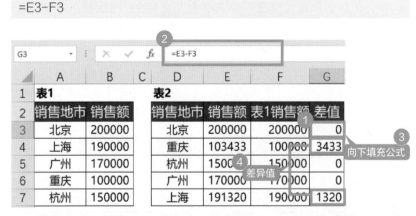

公式中 E3 是表 2 的销售额，F3 是用 VLOOKUP 查询得到的表 1 的数据，两个数据相减之后，如果不为 0，则表示两个数据不一致。

04 VLOOKUP 函数查找失败的常见原因有哪些?

VLOOKUP 函数学习起来简单,但实际工作中使用 VLOOKUP 函数的时候,总是会出现各种错误,让人非常苦恼。

VLOOKUP 常见错误有 4 种类型,明白了这 4 种错误,基本可以应对大部分查询的需求了。我们来逐一学习一下。

1. #NAME? 函数名称错误

#NAME? 表示函数名称错误。通常是因为函数名称中拼写错误,或者公式中使用了中文符号,导致 Excel 无法识别公式。

下图中 E2 和 E3 单元格,因为 VLOOKUP 函数拼写错误,产生了 #NAME? 错误。

E4 单元格中的公式,因为双引号是中文格式双引号,导致了错误。

	A	B	C	D	E
1	商品	编号		查询结果	公式
2	手链	10001		#NAME?	=VLOKUP("吊坠",$A$1:$B$5,2,0)
3	吊坠	10002		#NAME?	=VLOOoKUP("吊坠",$A$1:$B$5,2,0)
4	转运珠	10003		#NAME?	=VLOOKUP("吊坠" ,$A$1:$B$5,2,0)
5	钻戒	10004			

2. #N/A 查找失败错误

#N/A 表示在查找区域内找不到和查询值相匹配的数据。

VLOOKUP 不匹配的原因,又可以分成很多种,如下图所示的表格,大致可以分为下面几种。

	A	B	C	D	E
1	商品	编号		查询结果	公式
2	手链	10001		#N/A	=VLOOKUP("手机",$A$1:$B$6,2,0)
3	吊坠	10002		#N/A	=VLOOKUP("吊坠",$B$1:$B$6,1,0)
4	转运珠	10003		#N/A	=VLOOKUP(10001,$A$1:$B$6,2,0)
5	钻戒	10004		#N/A	=VLOOKUP(857,$A$1:$B$6,2,0)
6	857	1005			

● 查找值不存在。E2 单元格中的公式，是在 $A$1:$B$6 区域中查找"手机"，而这个区域根本就没有"手机"，所以返回 #N/A。

● 查找区域错误。E3 单元格中的公式，第 2 个参数的区域是 $B$1:$B$6，该区域中不包含"吊坠"，导致查找错误。

● 查找值不在查找区域首列。E4 单元格中的公式，是在 $A$1:$B$6 区域中查找"10001"，VLOOKUP 只能查找区域的首列，也就是在 A 列中查找，而"10001"却在第 2 列，所以返回了 #N/A 错误。

● 数据不规范，格式不一致。E5 单元格中的公式，是在 $A$1:$B$6 区域中查找"857"，但是因为 A6 单元格中的 857 是文本格式，而 E5 单元格的公式中查找的是数字格式，所以匹配失败，出现了 #N/A 错误。

3. #REF! 引用错误

出现 #REF! 错误，通常是因为函数中引用的位置被删除，或者返回的列值超过查询区域最大列导致的。

比如下图所示的表格中 E2 单元格中的公式，在 $A$1:$B$6 区域查找"吊坠"，并返回查找区域第 3 列的数据，但是 $A$1:$B$6 区域总共只有 2 列，返回列超出了查找的范围，所以返回了 #REF!。

E3 单元格中的公式，因为删除列的原因，导致原本参数 1 中的查找值变成 #REF!，所以公式也返回了 #REF!。

	A	B	C	D	E
1	商品	编号		查询结果	公式
2	手链	10001		#REF!	=VLOOKUP("吊坠",$A$1:$B$6,3,0)
3	吊坠	10002		#REF!	=VLOOKUP(#REF!,$A$1:$B$6,1,0)
4	转运珠	10003			
5	钻戒	10004			
6	857	1005			

4. #VALUE!：值错误

出现 #VALUE! 错误，通常是因为公式中引用了错误参数。

如下图所示的表格中，E2 单元格中的公式返回列是 0，而 VLOOKUP

函数的返回列必须是大于 0 的数字，所以返回了 #VALUE!。

在 E3 单元格中，返回列是一个文本而不是数字，导致 VLOOKUP
函数报错。

	A	B	C	D	E
1	商品	编号		查询结果	公式
2	手链	10001		#VALUE!	=VLOOKUP("吊坠",$A$1:$B$6,0,0)
3	吊坠	10002		#VALUE!	=VLOOKUP("吊坠",$A$1:$B$6,"吊坠",0)
4	转运珠	10003			
5	钻戒	10004			
6	857	1005			

和秋叶一起学

秒懂 Excel

▶ **第11章** ◀
条件格式自动标记

你有没有想过，把小于目标的不合格数据标记出来，把已经过期的合同标记出来……

这些需求条件格式都可以帮你自动完成，而且标记的样式可以随着数据的变化而自动更新。

本章内容基于条件格式功能，列举了大量使用数据自动标记的应用场景，让你的表格变得更智能。

扫码回复关键词"秒懂 Excel"，下载配套操作视频。

11.1 条件格式基础

> Excel 中内置了很多实用的条件格式功能，比如标记重复值，把数据转换成对应大小的数据条等。这一节我们从这些基础的功能开始，打开条件格式的大门。

01 什么是条件格式，如何使用？

条件格式，就是"有条件"地设置单元格格式，是 Excel 中一个可以自动标记数据的功能。

在【开始】选项卡的功能区中单击【条件格式】图标，就可以使用。

这里的"条件"可以是 Excel 内置的一些规则，比如【突出显示单元格规则】【最前 / 最后规则】【数据条】【色阶】等。

也可以通过【新建规则】命令，自定义一些"条件"。

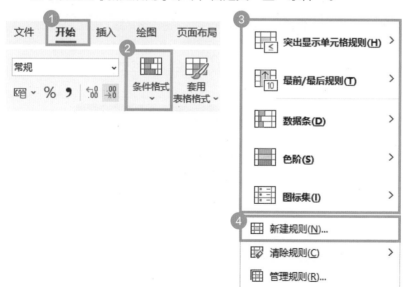

1. 突出显示单元格规则

条件格式中的【突出显示单元格规则】命令，可以进行简单的逻辑判断如"等于""大于""小于""包含"等，标记符合条件的数据。

比如，要在表格中标记重复值，就可以这样来实现，具体操作如下。

1 选择要标记重复值的 A2:A6 单元格区域。单击【条件格式】图标，在弹出的菜单中选择【突出显示单元格规则】中的【重复值】命令。

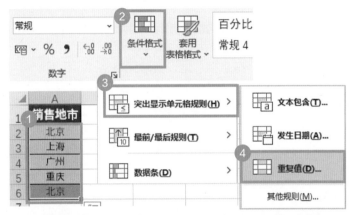

2 弹出【重复值】对话框，单击左侧的下拉按钮，选择【重复】命令；单击右侧的下拉按钮，选择【浅红填充色深红色文本】命令；单击【确定】按钮完成设置。

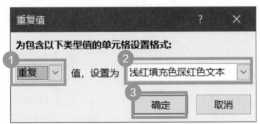

设置完成后，表格中的重复值就会自动标记出来。

2. 最前 / 最后规则

如果找出数据前 N 项或者后 N 项，则需要使用条件格式中的【最前 / 最后规则】命令。

比如下面的表格中，要标记出前 3 项的数据，具体操作如下。

1 选择 B2:B6 单元格区域，单击【条件格式】图标，在弹出的菜单中选择【最前 / 最后规则】中的【前 10 项】命令。

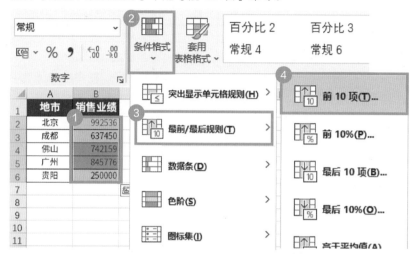

2 弹出【前 10 项】对话框，在左侧的编辑框中输入数字"3"；单击右侧的下拉按钮，选择【浅红填充色深红色文本】命令；单击【确定】按钮完成设置。

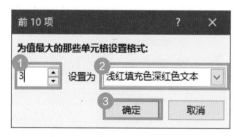

3. 图标集

另外使用条件格式中的图标集功能，可以将数字变成对应的可视化图标，让数据更直观。

比如下面的表格中，使用不同的箭头表示数据增幅变化的方向，非常直观。具体操作如下。

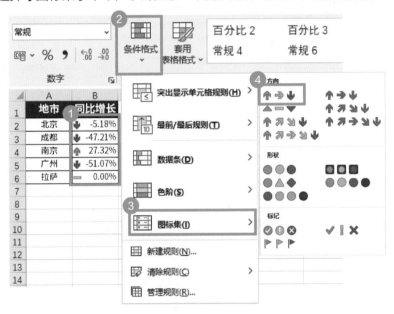

选择 B2:B6 单元格区域，单击【条件格式】图标，在弹出的菜单中选择【图标集】命令，单击任意一个喜欢的样式图标即可完成设置。

02 把前 10 项的数据标记出来，怎么做？

在统计分析销售业绩、员工绩效时，经常需要统计出排前几名的数据。可以使用条件格式功能来实现。

比如下面的表格中，要把销售业绩前 10 名的数据标记出来，具体操作如下。

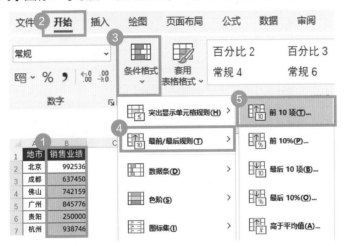

1 选择 B2:B20 单元格区域，在【开始】选项卡的功能区中单击【条件格式】图标→【最前 / 最后规则】→【前 10 项】命令。

2 弹出【前 10 项】对话框，输入数字"10"，并设置为【浅红填充色深红色文本】，单击【确定】按钮完成设置。

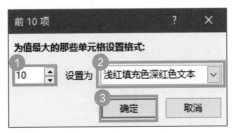

这样，前 10 名的数据就被快速标记出来了。

03 数字阅读不直观，如何变成数据条的样式？

数据条能够直观地表达数值间的大小差异、增减状况、排名、项目进展、目标完成率等。

使用条件格式中的【数据条】命令可以实现下图所示的这个效果，非常简单！

	A	B	C
1	地市	销售目标	完成率
2	北京	1200000	82.71%
3	成都	1000000	63.75%
4	佛山	1000000	74.22%
5	广州	1200000	70.48%
6	贵阳	500000	50.00%
7	杭州	1200000	78.23%
8	拉萨	500000	30.00%
9	南京	800000	79.29%
10	乌鲁木齐	500000	40.00%
11	深圳	1000000	97.17%

1️⃣ 选择 C2:C11 单元格区域，在【开始】选项卡的功能区中单击【条件格式】图标→【数据条】命令，单击喜欢的数据条样式即可完成设置。

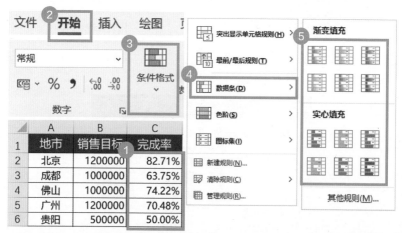

2 把列宽调整到合适的宽度，让数据条更好看一些。

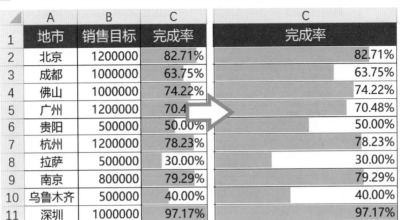

11.2 数据自动标记

条件格式的高级用法，是能够根据需求自定义标记的规则，这个规则有时需要通过函数公式来实现。

本节将通过几个工作中常见数据标记需求，介绍条件格式的高级用法。

01 把大于 0 的单元格自动标记出来，怎么做？

表格中的数据是各地市费用较去年同比增长比例，但是数字非常多，不容易一眼看出上升或下降趋势，如果使用条件格式中的【突出显示单元格规则】命令，把大于"0"的数字标记出来，数据对比会更直观，具体操作如下。

1 选择 B2:B10 单元格区域，在【开始】选项卡的功能区中单击【条件格式】图标→【突出显示单元格规则】→【大于】命令。

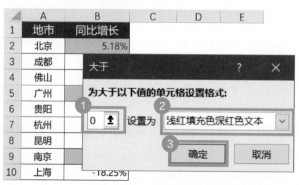

2 弹出【大于】对话框，输入数字"0"，并设置为【浅红填充色深红色文本】，单击【确定】按钮完成设置即可。

02 把小于今天日期的单元格标记出来，怎么做？

工作中经常会有一些有效期管理的需求，比如下面的合同管理表，需要检查销售合同是否已经过期，并及时提醒客户续约。

如果可以把小于今天（以 2021/3/2 为例）日期的单元格标记出来，核对起来会非常直观。

	A	B	C
1	合同编号	合同开始日期	合同到期日期
2	660010343	2019-12-21	2020-12-21
3	660010354	2020-01-23	2021-01-23
4	660010454	2020-04-03	2021-04-03
5	660022890	2020-12-23	2021-12-23
6	660022338	2019-03-09	2020-03-09
7	660020340	2020-02-28	2021-02-28
8	660020177	2020-09-12	2021-09-12
9	660021299	2019-10-01	2020-10-01
10	660025992	2020-05-03	2021-05-03

标记过期

使用条件格式中的【突出显示单元格规则】命令，可以实现这个效果，具体操作如下。

1 选择 C2:C10 单元格区域，在【开始】选项卡的功能区中单击【条件格式】图标→【突出显示单元格规则】→【小于】命令。

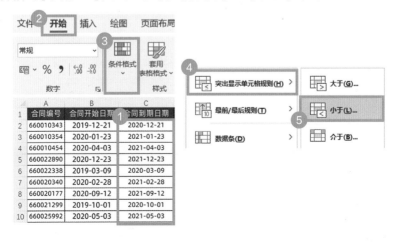

2 弹出【小于】对话框，输入公式，并设置为【浅红填充色深红色文本】，单击【确定】按钮完成设置。

```
=TODAY()
```

TODAY 函数用来获取当前的日期，设置好条件格式后 Excel 会将 C2:C10 单元格区域中的每个日期和当前日期进行对比，如果小于当前日期，则按指定样式进行标记。

03 设置符合条件的整行都标记颜色，怎么实现？

表格中不同状态的数据，标记成不同的颜色可以更容易区分。比如下图所示，使用条件格式功能把状态为"完成"的整行数据标记颜色后，数据核对非常方便。

	A	B	C	D	E
1	地市	状态	1月	2月	3月
2	北京	跟进	42025	57245	69279
3	成都	完成	84253	12822	44102
4	佛山	完成	48713	96038	36688
5	广州	跟进	27150	45083	40017
6	贵阳	完成	23378	62057	81401
7	杭州	跟进	61127	50481	77790
8	昆明	完成	95470	38763	45851
9	南京	跟进	46198	90728	73699
10	上海	跟进	32805	78096	49359

具体操作如下。

1 选择 A2:E10 单元格区域，在【开始】选项卡的功能区中单击【条件格式】图标，在弹出的菜单中选择【新建规则】命令。

2 弹出【编辑格式规则】对话框,在【选择规则类型】列表框中单击【使用公式确定要设置格式的单元格】命令,在【为符合此公式的值设置格式】下方的编辑框中输入公式"=$B2="完成"",单击【格式】按钮。

3 弹出【设置单元格格式】对话框,设置背景色为绿色,单击【确定】按钮。

案例中条件格式的判断规则由下面的公式来实现。

```
=$B2=" 完成 "
```

公式的作用是根据 B2 单元格是否等于"完成"，来给单元格标记样式。

因为每一列都是要按照 B 列来判断的，所以需要锁定 B 列，把单元格的引用从 B2 变成 $B2，避免公式计算过程中因为引用位置发生偏移导致错误。